KEK 物理学シリーズ

7

物質科学の最前線

高エネルギー加速器研究機構 [監修]

[著]
村上洋一・山田和芳・平賀晴弘
遠藤康夫・雨宮健太・瀬戸秀紀
神山　崇・米村雅雄

共立出版

KEK 物理学シリーズ創刊の辞

　物質はその構成粒子の数によって，特徴ある現象を発現する．素粒子は文字通り単体物質で，素粒子の固有の性質と力を介する相互作用によって物質の究極像と力の根源を明らかにしてくれる．素粒子の複合系である核子（中性子と陽子）を構成要素とする原子核は有限多体系物質であり，集団運動や粒子相関などの多体系特有の物質形態を誘起する．金属中の電子集団のように，原子や分子の混合気体，液体，固体は無限多体系物質と呼ばれ，相転移に代表される想像を超える新たな物質形態を発現する．近年，新物質の創出などの研究が盛んに行われている．究極の多体系物質は宇宙であろう．そして，この宇宙の誕生・進化を決めているのが，素粒子，原子核，原子，分子である．究極の多体系が基本粒子によって支配されていることは驚きである．

　このような物質の多様な形態を調べる手段として高エネルギー加速器がある．加速器が作り出す，電子，陽電子，光子，ニュートリノ，ミュー粒子，K 中間子，中性子，陽子などの粒子ビームは，単体，有限多体系，無限多体系を様々な角度から探索する実験手段を提供する．高エネルギー加速器研究機構 (KEK) には，電子・陽電子衝突加速器，放射光加速器，大強度陽子加速器（J-PARC：日本原子力研究機構との共同プロジェクト）が稼働しており，上記すべての粒子ビームを生成できる世界でも類のない物質研究拠点となっている．

　KEK 物理学シリーズは，各物質形態の基本概念から解き起こし，最先端の研究成果を紹介し，かつ今後の研究の展開を提示することを企図した野心的な教科書を目指すものである．

2012 年 4 月
大学共同利用機関法人
高エネルギー加速器研究機構長
鈴木厚人

はじめに

　KEK 物理学シリーズの最終巻である本書では,「物質科学の最前線」と題して,量子ビームを用いた物質科学の先端研究を紹介する.現代物質科学の特徴は,その多様性にあり,研究分野は多岐に及んでいる.本書で取り扱う話題はその中のごく一部分である.しかしながら,本書で取り扱う内容は,どれも物質科学の基本問題に深く根ざしているため,一読して頂ければ,量子ビームを用いた物質科学研究の肝を掴むことができるだろう.各章で取り扱う内容に関しては,基礎的な事項の説明から始めて,研究の最前線までをわかりやすく書くことを心掛けた.したがって,大学の学部生にも物質科学の面白さを感じ取って頂けるだろう.物質科学の面白さは,身の周りの世界の中で不思議なことを見つけることから始まる.個人が自由に不思議なことを見つけて面白がれるところが,物質科学の良さかもしれない.読者が本書を読み進める中で,不思議なことを 1 つでも見つけ,それについて考え続ける契機となれば,著者としてこれに勝る喜びはない.

　一方,KEK 物理学シリーズ第 6 巻で紹介された量子ビームが,どのように物質科学の最前線で役立っているかを,本書によって知ることができる.量子ビームの実験装置・手法に興味を持たれる読者にも楽しんで頂ける内容になっていると思う.量子ビームを利用して,広範で深遠な物質科学研究を行うことができるようになったのは,比較的最近の事である.加速器科学の発展に基礎をもつ量子ビームは,今でも日々進歩しており,次々と新しい物質科学を創り上げている.物質科学の研究対象は,長さとエネルギーのスケールにおいて階層構造をもっている.量子ビームは通常,原子・分子の長さや固体中の素励起がもつエネルギーの階層において最もその威力を発揮するが,量子ビームの高性能化と実験手法・検出法などの改良により,研究対象となる階層を大きく拡張し続けている.一方で,量子ビームを光学顕微鏡やコンピューターと同じよ

うに，日常的な研究ツールとして利用している研究分野も多い．これらの研究分野の多くのユーザーにとっては，量子ビームの先端性よりは，その使いやすさがより重要である．いずれにしても現在では，量子ビームの利用が，新しい物質科学の開拓には必須のものとなってきている．今後，量子ビームを利用しようと考えている大学院生や若手研究者の方々にとっても，本書は有意義な情報を提供できると考えている．

　本書の構成は下記のとおりである．第1章は本書のイントロダクションの役割を果たす．そこでは，物質の示す性質（物性）を物質構造から理解しようとする構造物性研究について説明する．特に，電子がもつ自由度の秩序と物性の関連性，放射光X線によるその秩序観測が示される．第2章では，物性物理学の中心課題の1つである超伝導と磁性の関連性について議論する．金属磁性体や磁性が関与する超伝導体を対象として，量子ビームの協奏的利用により，その物性の本質的理解に迫る．第3章では，まず現代のエレクトロニクスについて，半導体物理学を基にその基礎概念を説明する．その後，電子スピンをエレクトロニクスに利用するスピントロニクスという新しい科学技術について，基礎的な観点から説明を行い，その将来像を述べる．第4章では，ソフトマターの概念説明から始め，典型的なソフトマターである両親媒性分子が，水や油とともに作る構造と物性について説明する．その後，ソフトマターの構造と運動状態をX線と中性子を用いて，どのように理解するかを述べる．第5章では，最近最も注目を集めている物質系の1つであるエネルギー関連機能性物質について述べる．イオン伝導体に関する説明の後，蓄電池に関する研究を紹介する．これらの研究の中で行われる中性子を用いた構造解析についても述べる．

　本書の企画・出版に際して，高エネルギー加速器研究機構名誉教授 木村嘉孝先生，共立出版編集制作部 吉村修司氏と島田誠氏には，多大なご尽力を賜った．また，第1・2・4章の図面作成等に関しては，KEK物構研 小糸由希子さん，山田悟史氏，富山大学薬学部 中野実氏，日本原子力研究開発機構 大和田謙二氏，福田竜生氏，東京大学 藤森淳氏のお世話になった．この場を借りて深く感謝申し上げる次第である．

2015年7月　　執筆者を代表して　村 上 洋 一

目　　次

第1章　構造物性研究入門　1

1.1 構造物性研究とは何か 1
 1.1.1 多は異なり：More is different. 1
 1.1.2 役者は電子，舞台は結晶 2
1.2 電子のもつ自由度 7
 1.2.1 電荷・スピン・軌道・スピン状態の秩序 7
 1.2.2 電子自由度秩序と物性 13
1.3 放射光X線による電子自由度秩序の観測 16
 1.3.1 電子によるX線の散乱 16
 1.3.2 電子自由度秩序の観測 22
1.4 構造物性研究の展望 36

第2章　超伝導と磁性の共存と競合　41

2.1 伝導と磁性の相関研究 41
 2.1.1 研究の難しさ（実空間と逆格子空間像） 41
 2.1.2 研究の難しさ（対象の多面性） 43
2.2 量子ビームを用いた物性分光法 44
 2.2.1 散乱法による二体相関研究 45
 2.2.2 光電子分光法による1電子励起研究 48
 2.2.3 異なるプローブ間の相補性 51
2.3 典型的な金属磁性体の磁気励起 54
 2.3.1 金属磁性体の磁気励起（理論的背景） 56

	2.3.2	金属強磁性体の磁気励起（実験）	61
	2.3.3	金属反強磁性体の磁気励起（実験）	64
	2.3.4	磁気励起における金属強磁性体と金属反強磁性体の違いは何か	74
2.4	磁性が関与する新規超伝導体の磁性研究	75
	2.4.1	新規超伝導体研究と量子ビームによる物性分光法の進展	77
	2.4.2	銅酸化物超伝導体の超伝導・磁性相図	78
	2.4.3	鉄系超伝導体の超伝導・磁性相図	84
	2.4.4	超伝導体の磁気励起	89
	2.4.5	超伝導と磁気秩序の"共存"	96
2.5	量子ビームを用いた伝導と磁性の相関研究の将来	99
	2.5.1	量子ビームによる多面的研究	99
	2.5.2	新規機能性材料探索のための量子ビーム	102
2.6	まとめ	103

第3章　エレクトロニクスからスピントロニクスへ　109

3.1	エレクトロニクス，磁気記録デバイス開発の歴史	109
	3.1.1	真性半導体の伝導	110
	3.1.2	不純物半導体の伝導	113
	3.1.3	半導体の整流作用とトランジスターの増幅作用 . . .	116
	3.1.4	エレクトロニクスからスピントロニクスへの流れ（GMR から TMR へ）	122
3.2	デバイスの性能を決める界面構造の研究とその物理	128
	3.2.1	界面の結晶構造を調べる	128
	3.2.2	界面の電子状態，磁気状態	135
	3.2.3	X線，偏極中性子反射率による磁気多層膜の構造研究	140
	3.2.4	界面状態が磁気抵抗に与える影響	145
3.3	スピントロニクスの将来（MRAM への挑戦）	149
	3.3.1	高い磁気抵抗比と低い抵抗値の両立	150

3.3.2　磁場による記録からスピン流による記録へ 151
　　　3.3.3　スピントロニクスの将来像（高性能磁気記録素子の実現
　　　　　　に向けて）. 155

第4章　ソフトマターの構造と物性　　161

4.1　ソフトマターとは何か 161
4.2　両親媒性分子 165
　　4.2.1　親水性と疎水性 165
　　4.2.2　ミセルの形成 167
　　4.2.3　両親媒性分子の凝集構造 169
　　4.2.4　二重層膜とベシクル 171
　　4.2.5　曲率弾性モデル 172
4.3　実験手法 174
　　4.3.1　小角散乱法 174
　　4.3.2　中性子スピンエコー法 176
4.4　マイクロエマルションの構造と相転移 179
　　4.4.1　イオン性界面活性剤・水・油の系 179
　　4.4.2　濃厚 droplet 系の圧力誘起相転移 182
　　4.4.3　曲げ弾性係数の温度・圧力依存性 184
　　4.4.4　非イオン性界面活性剤・水・油の系 188
4.5　リン脂質膜の構造とダイナミクス 192
　　4.5.1　リン脂質ベシクルの構造 193
　　4.5.2　二重層膜の曲げ弾性係数 196
4.6　まとめ 199

第5章　エネルギー関連機能性物質　　201

5.1　機能性物質とノーベル賞 201
5.2　機能性物質とは何か 201
5.3　イオン導電体とは何か 202

- 5.4 リチウムイオン導電体 206
  - 5.4.1 ヨウ化リチウム, LiI 206
  - 5.4.2 窒化リチウム, Li_3N 207
  - 5.4.3 Li-β-アルミナ 207
  - 5.4.4 A_2BX_4 207
  - 5.4.5 ABX_3 210
  - 5.4.6 LISICON 211
  - 5.4.7 Thio-LISICON 212
  - 5.4.8 LGPS 系 212
- 5.5 エネルギー変換材料 213
- 5.6 Li イオン電池 214
  - 5.6.1 蓄電池 214
  - 5.6.2 電池の中で何が起きているか？..... 217
  - 5.6.3 リチウムイオン電池の課題 220
- 5.7 材料の構造解析 220
  - 5.7.1 中性子で何がわかるか 220
  - 5.7.2 中性子散乱の特徴 222
  - 5.7.3 中性子回折法 223
  - 5.7.4 飛行時間型中性子回折法 227
  - 5.7.5 TOF 回折法の分解能 230
  - 5.7.6 粉末回折法に必要な分解能についての考察 232
  - 5.7.7 結晶欠陥 233
  - 5.7.8 リチウムイオン電池材料の構造解析 235

索　引　　241

第1章
構造物性研究入門

1.1 構造物性研究とは何か

　構造物性研究とは何かということを説明するために，物性における主役である「電子」と，その主役が活躍する舞台となる「結晶」について述べる．

1.1.1 多は異なり：More is different.

　雪の結晶の精緻な直線や花の優美な曲線が作り上げる構造は，理屈なく多くの人々を魅了する．植物が作る多彩な形状や，虫たちを引きつける巧みな戦略には，誰しも深く感動するとともに，我々の世界の計り知れない不思議さを感じるのではないだろうか．さらに動物がもつより複雑で多様な形態，そしてその見事に調和のとれた動きを観察するにつけ，これらが何故そのような形をもつのか，また何故そのように働くのか，次々と果てしない疑問が湧き出てくる．無機物から有機物に至るまで，自然が見せる構造と機能の精緻な美しさは，我々の理解をはるかに超えたもののように思われる．しかしそれでも，「何故」と問いかけることにより，複雑極まりない形や現象の中に潜む，単純で普遍的な法則を見い出していこうというのが，自然科学の目指すところである．素粒子物理学では，物質を細かく分解し，その究極として素粒子の成り立ちを研究することにより，この世界を司る物理法則を見つけようとしてきた．一方で，基礎的な物質科学や生命科学では，例えば，何故鉄は磁石になるのかということや，蛋白質の構造やその働きを研究してきたが，その本質的な解答は，素粒子の成り立ちを完全に知り得たとしても，なかなか得られそうにない．それは，多数の粒子が集まることにより，初めて生じる普遍的法則があるからである．アン

ダーソン (P. W. Anderson) はこのことを "More is different." という言葉によって端的に表現した[1]．多数の粒子系が相互作用することにより示す性質や，その法則を研究する物理学の学問分野として，物性物理学という分野がある．物性物理学では，原子・分子のミクロな世界から，我々が肉眼で見ることのできるマクロな世界までの物質と現象を研究対象としている．そこで主役を演じるのは，多くの場合，物質の中の電子であり，主たる相互作用は電磁相互作用である．電子という主役が，その周りにある原子核や他の電子と電磁相互作用をすることにより，物質は驚くほど多彩な性質（物性）をもつことができる．我々が生命を維持できるものこの電子の働きのおかげである．電子のマスゲームがこの世界の多様性を支えていると言ってよいだろう．

1.1.2 役者は電子，舞台は結晶

それでは電子のみが多数寄り集まった系が，磁性や超伝導などの多彩な物性を示すかというとそうではない．興味ある物性を示すためには，役者である電子が活躍できる舞台が必要である．自然は実に巧妙に，かつ非常に単純な形でその舞台を用意している．それは結晶と呼ばれている規則正しい原子・分子の周期的構造である．このような秩序構造は原子または分子間の相互作用に起因しており，様々な対称性をもつ結晶が存在している[2]．その相互作用はもとをただせば，電子の負電荷と原子核の正電荷の間の静電引力および電子間の静電斥力であるが，原子・分子の電子状態により，いくつかのタイプの結合を生み出す．ある種の原子から他種の原子へ電子がほぼ移動することにより生ずる，異符号の電荷をもつイオン間に働く静電相互作用はイオン結合を作る．それは，エネルギーにして数 eV もの非常に強い結合である．Na^+Cl^- において見られる結合がその代表的なものである．またそれと対照的に，電子を原子間で共有して結合性電子軌道を作ることにより，エネルギーを下げる共有結合も，イオン結合と同程度に強い結合である．その最も簡単な例は水素分子における水素原子間の結合である．また，水素を含む分子間でよく現れるのが，水素結合と呼ばれるもので，正イオン的になった H と電気陰性度の大きな F, O, N などとの間に生じるイオン結合的な結合である．その結合の大きさは 0.1 eV 程度で，

蛋白質のような生体分子やある種の有機分子結晶の中で，水素結合は重要な役割を果たしている．一方，互いに中性である希ガス原子間や，基板と物理吸着した吸着分子との間に働く相互作用は，ファン・デル・ワールス相互作用と呼ばれ，原子が互いに双極子モーメントを誘起し合い，その間の引力相互作用が原因となっている．この結合は非常に弱く，通常，0.01 eV のオーダーである．一方，上記のものと定性的にかなり違った固体効果として重要なものに金属結合がある．伝導電子の運動エネルギーや交換エネルギーを考えることにより生じる凝集力である．

このような結合により作られた構造は周期的になり，結晶と呼ばれる．周期的な構造は，電子に対して周期的なポテンシャルを与える．この周期ポテンシャル中での電子の運動はよく研究されており，固体物理の教科書の中に詳しく書かれている[3]．一方，世の中には結晶を作らないアモルファスや，そもそも蛋白質分子のように1個の複雑な分子で，素晴らしい構造と機能をもっている物質も多く存在するが，ここでは結晶中の電子を考える．さて，主役は電子であると述べたが，実は電子には本当の主役となる電子と脇役となる電子の2種類がある．それは各原子核の周り近くの電子殻を占めている内殻電子（脇役）と，最も外側の電子殻を占めている外殻電子（主役）である．外殻電子は価電子とも呼ばれる．内殻電子は各原子核近くに局在し，閉殻構造にあるため原子間の化学結合や物性に影響を与えることは少ない．一方，価電子は遍歴的な性質をもち，原子間の中間地点に電子密度をもつ場合や，金属のように結晶中に広く拡がった伝導電子となる場合がある．いずれにしても，この価電子の振舞いを調べることが物性を理解するためには重要となる．しかしながら，結晶中の価電子の振舞いは，電子間の相互作用を考慮に入れると多体問題となり，厳密にその振舞いを知ることは，理論的にも実験的にもほとんど不可能である．また我々も個々の電子の振舞いを厳密に知りたいわけではない．我々が知りたいことは，注目する物性の電子論的な発生機構であり，言い換えれば，電子の静的・動的秩序やその集団的運動状態と，創発する物性との間の因果関係である．

このような目的を達成するためには，まず舞台を隅々まで把握すること，すなわち注目している物質の結晶構造を精密に知ることがその第一歩である．結晶構造研究は古い歴史をもち，各物質の構造やそれを調べるための実験手法など

に関して，我々は膨大なデータベースをもっている．そして，この瞬間にもこれまで知り得なかった結晶構造が明らかにされつつある．このような研究分野は結晶学と呼ばれ，現在でも最も活発な科学研究分野の1つである．一方，ここで述べる構造物性研究とは，単に結晶構造を決定するということだけでは終わらない．その結晶構造解析に加えて，次の節で説明するような電子自由度の秩序構造を明らかにし，それによって物性発現機構を理解することで，各階層において現れる新たな物理法則を明らかにすることが，構造物性研究の目的である．

具体的には，図1.1に示すように広義の物質構造を結晶構造と電子構造からなるものと見なし，この物質構造を様々な実験的・理論的手法によって調べ，物性との関連性を明確にしていくことが，構造物性研究において行われる．結晶構造は，結晶を構成する種々の原子核の分布と，その周りを取り巻く電子の密度分布を調べることにより決定される．原子核の位置は，中性子回折を利用して精密に決めることができる．一方，電子密度分布を電荷密度分布と磁気モーメント分布に分けて考えてみることにしよう．ここでは，電荷密度とはスピンを区別しない電子の密度と定義しよう（原子核の電荷は除外）．また，磁気モーメントはスピン角運動量と軌道角運動量から生じる磁力の大きさと向きを表すものである．これらの分布を精度良く決定することは容易ではないが，特に，原子間に分布している価電子の密度分布を精密に調べることは，物性の理解にとって重要な研究となる．あとに述べるように価電子密度分布は，電荷秩序や軌道秩序と密接に関連しており，精密X線回折や電子線回折などにより調べることができる．磁気モーメント分布は，中性子磁気回折実験や共鳴および非共鳴X線磁気回折実験などを利用して調べることができる．一方で電子構造については，最近の放射光分光学の進歩により，X線吸収分光法や光電子分光法などにより精密に決定できるようになってきた．このように，放射光や中性子は，広義の物質構造の決定に不可欠のプローブとなっている[4]．

我々が物質構造を決定するときに用いるプローブ・実験手法としては，X線・電子線・中性子線・NMR・μSRなど様々なものがあるが，最も古くから，また多くの人々によって使われてきたものはX線であろう．X線は物質中の電子によって散乱を受ける．結晶中では原子・分子が規則正しく整列しているので電

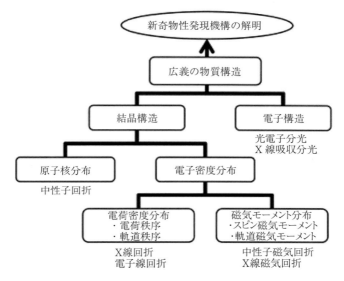

図 1.1　広義の物質構造の観測に基づく構造物性研究.

子分布も周期的になり，散乱 X 線は互いに干渉して，ある特定の方向に強い回折 X 線が観測される．単色 X 線を用いるときには，結晶を回転させながら様々な方向に生じる回折 X 線の強度を記録し，そのデータを解析することにより，結晶構造に関する情報を得ることができる．現在では，市販の X 線回折装置に結晶をセットするだけで，自動的に測定・解析が行われ，複雑な結晶構造も決定することができるようになっている．しかし，それによってすべての物質の結晶構造を精密に決定できるかというと，もちろんそうではない．蛋白質結晶のように，単位格子中に数多くの原子が存在する場合など，通常の X 線構造解析が困難になる．また，比較的簡単な基本構造をもつ無機物質の場合でも，構造相転移による原子位置のわずかな変位を観測することは容易ではない．我々は，このわずかな結晶構造の変化が，物性の大きな変化を生むことをしばしば経験する．興味ある物性の発現機構を理解するためには，原子核位置のわずかな変位，さらには電子密度分布の微妙な変化を実験的に捉える必要がある．

X線以外にも中性子や電子線は比較的利用しやすいプローブである．各プローブのエネルギーと波長の関係は次のとおりである．

$$\text{X線：}\lambda(\text{Å}) = \frac{12.398}{E(\text{keV})}, \text{中性子線：}\lambda(\text{Å}) = \frac{0.2860}{\sqrt{E(\text{eV})}}, \text{電子線：}\lambda(\text{Å}) \frac{12.264}{\sqrt{E(\text{eV})}} \tag{1.1}$$

多くの物質において原子間距離は 1 Å 程度であるので，その結晶構造を調べるために利用する各プローブのエネルギーは，X線は 12 keV，中性子は，81 meV，電子線は 150 eV 程度になる．これらのプローブは結晶構造解析だけでなく，物性と密接に関連する物質中の素励起を研究するときにも使われる．典型的な素励起である格子振動（フォノン）やスピン波（マグノン）などの分散関係を調べることによって，原子・分子間を結びつける力の大きさや磁気相互作用の大きさを知ることができる．このような素励起を研究することにより，静的な構造だけでなく動的な構造を知ることができ，これらの情報から系の安定性を議論することもできる．フォノンやマグノンなど素励起の分散関係を調べようとしたとき，やはり波長 1 Å 程度のエネルギーをもつ中性子線や X 線を利用することになる．通常，フォノンやマグノンのエネルギーは数 meV から数十 meV 程度である．したがって，例えば 10 meV のエネルギーをもつ素励起の観測では，80 meV のエネルギーをもつ中性子が，物質中に素励起を生成して，70 meV の中性子になったことを検出することになる．一方，X 線の場合は 12 keV の X 線が 11.99999 keV になったことを検出する必要があり，これは容易ではない．この理由により，これまでフォノンやマグノンの研究は中性子の独壇場であった．しかしながら，最近の放射光利用技術の進歩により，放射光 X 線を利用した素励起研究が大変盛んになってきている．非共鳴非弾性 X 線散乱を利用したフォノン測定では，分解能は 1 meV を切り，共鳴非弾性 X 線散乱 (Resonant Inelastic X-ray Scattering: RIXS) を利用したマグノン測定も数十 meV の分解能で可能となってきた[5]．これまで不可能であると思われていた，X 線を用いた素励起の観測は，構造物性研究に質的な変化をもたらす可能性が高い．

1.2 電子のもつ自由度

この節では，電子のもつ自由度である電荷・スピン・軌道，そしてスピン状態の秩序について，直感的な説明を与える．そして，これらの電子自由度が物性とどのように関連付けられるかを述べる．

1.2.1 電荷・スピン・軌道・スピン状態の秩序

固体中の電子は，長距離力であるクーロン相互作用を互いに及ぼし合いながら運動している．バンド幅の広い金属中の電子は，そのクーロン相互作用を摂動として取り込んだフェルミ液体理論によってよく記述される．この理論を中心とした固体電子論は，多くの金属・半導体・絶縁体の物性を定量的によく説明することができ，現在のエレクトロニクスの基礎となっている．ところが，バンド幅に比べ，クーロン相互作用が大きくなるような系では，他の電子からのクーロン相互作用を一体近似的に取り扱うことが困難になる．このような系は強相関電子系と呼ばれ，通常の金属・半導体・絶縁体とは異なる多くの特異な物性を示すことがわかってきた．その典型的な例が，高温超伝導体，重い電子系，巨大磁気抵抗物質系，分数量子ホール効果系などである．これらの精力的な研究を通して，"系の物性を支配しているのは，強く相関した電子のもつ自由度の秩序状態やそれらの自由度間の結合状態であり，これらの状態を調べることが物性を理解するための鍵となる"，という認識が広く受け入れられるようになってきた．強相関電子系における電子がもつ自由度とは，"電荷"・"スピン"・"軌道"の自由度である．これらの自由度をまとめて電子自由度と呼ぼう．この電子自由度の秩序構造を決定することは，物性を理解するために重要なこととなる．

まず，これら"電荷"・"スピン"・"軌道"の自由度を直感的に理解するために，各自由度に対する秩序状態と無秩序状態を考えてみよう．図 1.2(a) は，電荷の秩序・無秩序状態を示している．電荷秩序は電子間のクーロン相互作用が原因となり起こる．電子は動き回ると運動エネルギーを得るが，他の電子と接近してクーロン相互作用は損をする．このクーロン相互作用が強い場合，電

8 | 第 1 章 構造物性研究入門

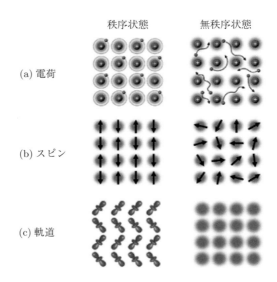

図 1.2 電子のもつ自由度（(a)，電荷，(b)，スピン，(c)，軌道）の秩序状態と無秩序状態の概念図．

子が各原子に規則正しく局在した状態の方が安定になる．このような状態が，電荷秩序状態である．一般的には，電荷秩序状態は，電荷密度がある相関をもって空間的に局在すれば，格子と整合的な関係にある必要はない．一方バンド幅が大きく，運動エネルギーの得が大きいときには，電子は非局在化して，電荷無秩序状態となる．また，電荷秩序状態としては，静的な秩序状態だけでなく，動的な秩序状態も考えることができる．電荷秩序の一部分がある相関をもちながら，時間的に動き回っている状態である．現在，銅酸化物高温超伝導研究において CuO_2 面内でのホールの静的あるいは動的なストライプ秩序の存在が問題になっており，この場合には動的な電荷秩序が重要であると考えられている．図 1.2(b) は，スピンの秩序・無秩序状態を示している．スピン秩序状態は，強磁性・反強磁性に代表されるような，スピン密度の空間的な整列である．スピン間の様々な相互作用により，現在まで多彩なスピン秩序状態が観測されてい

る．このスピン秩序状態は，系の温度を上げることにより無秩序状態，いわゆる常磁性状態に転移する．この秩序無秩序相転移は，古くから実験的・理論的に精力的に研究が進められており，一般性をもった豊かな物理が展開されている．"電荷"と"スピン"は1つの電子が合わせもつ基本的な属性であるが，"軌道"とはどのような自由度だろうか[6]．図 1.2 (c) は，軌道自由度の秩序・無秩序状態を示している．軌道秩序状態とは，一言で述べると，注目する電子の波動関数を反映した異方的な電子密度分布が，空間的に整列したものである．したがって，軌道無秩序状態においては，各格子点で軌道状態に偏りがないため，電子密度分布はほぼ等方的なものとなっている．

電荷やスピンの自由度とは異なり，自由電子には軌道自由度は存在しない．軌道自由度が現れるのは例えば次のような場合である．ペロブスカイト型遷移金属酸化物では，遷移金属イオン (M) を酸素イオン (O) が囲んだ八面体 MO_6 が結晶構造の単位となっている (図 1.3 (a))．酸素イオンによる配位子場の影響を受けて，磁性を担う $3d$ 軌道は，図 1.3 (b) に示すように三重縮退した t_{2g} 軌道と二重縮退した e_g 軌道に分裂する[7]．電子は原子内のクーロン相互作用を得するように，合成スピン S が最大になるように軌道を埋めていく（フント則）[3]．マンガンイオンの場合，3価イオン Mn^{3+} の 4 個の d 電子は，$t_{2g}^3 e_g^1$ という電子状態をとる．このとき e_g 軌道には二重縮退した $d(x^2-y^2)$ と $d(3z^2-r^2)$ のどちらに電子が入るかという自由度が生じる．軌道自由度とは「縮退した基底状態のもとで電子がどのような軌道をとるかという自由度」と定義できる．このような e_g 軌道の 2 つの状態を，スピンのアップとダウンと同じように考えることができるので，擬スピンとして見なすことができる．図 1.3 (c) には，e_g 電子が軌道秩序を起こした $LaMnO_3$ の ab 面内の概念図が示されている．この系では，軌道秩序転移点よりも低温でスピン秩序が生じており，スピン間の超交換相互作用には軌道秩序が大きく影響している[8]．

また，電子雲のもつ自由度を，多極子展開の立場から考えることもできる[9]．電荷・スピン・軌道の自由度は，それぞれ電気多極子と磁気多極子を展開したときの 2^l 極子モーメントの $l=0,1,2$ 次の項に相当するテンソルとなる．すなわち，空間反転対称性が保たれている系においては，電荷はランク 0 のスカラー（1 成分）の電気単極子，スピンはランク 1 でベクトル（3 成分）の磁気双

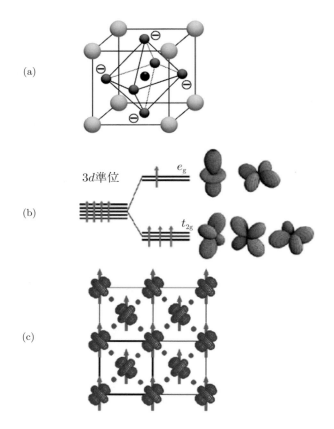

図 1.3 ペロブスカイト型酸化物における軌道自由度. (a), ペロブスカイト型遷移金属酸化物の基本格子, (b), 立方対称な結晶場中での Mn^{3+} イオンの $3d$ 準位の分裂, (c), $LaMnO_3$ の ab 面内のスピン・軌道秩序の概念図; 太線はその基本格子.

極子, そして軌道はランク 2 のテンソル (5 成分) の電気四極子である. 最近, 局所的に空間反転対称性が破れた系においては, 電気双極子・磁気四極子・電気八極子などの奇パリティの多極子が, 活性化することが議論されている. そ

表 1.1 空間反転対称性が保たれた系における電気・磁気多極子.

	電荷 (電気単極子)	スピン (磁気双極子)	軌道 (電気四極子)
ランク	0(スカラー)	1 ベクトル)	2(テンソル)
成分数	1	3	5
共役場	電場	磁場	結晶場
相互作用	クーロン相互作用	双極子相互作用 交換相互作用	Jahn–Teller 相互作用 交換相互作用

れぞれの自由度には対応する「場」が存在し,電荷とスピンの自由度に関してはそれぞれ電場と磁場が,軌道自由度に対しては結晶場(または結晶場を変化させる格子歪み)が対応する(表 1.1 参照).電荷とスピンの自由度が重要とされるのは,マクロな物性の代表である電気伝導性と磁性に直接関係しているからに他ならない.さらに,局在スピン系は古典および量子統計物理学によってモデル化することが可能なため,相転移現象を研究する格好の舞台となってきた.それに対して,軌道自由度はその重要性は早くから指摘されながらも,マクロな物性への直接的関与が明確でなく,また測定手段が限られていたこともあり,電荷やスピンほど多くの研究はなされてこなかった.しかし,電子雲の多極子展開から明らかなように,そこには電荷とスピンの自由度に加えて,軌道自由度(もしくはより高次の多極子自由度)が存在している.軌道自由度間に何らかの相互作用が働き,それが空間的に配列すれば,ある種の新しい「秩序相」を形成する可能性がある.また,電荷やスピンの自由度と結合することで,電気的・磁気的性質に影響を及ぼすことも考えられる.新奇な物性を示す系において,これらの「秩序相」状態がいまだに見つかっていないものや,「秩序相」としての存在は認識されていても,その実態が解明されていないものが数多く存在する.

さて軌道秩序状態は,d 電子系および f 電子系の化合物を中心として研究されているが,成り立ちもその振舞いも大きく異なる.$3d$ 軌道は $4f$ 軌道に比べ広がりが大きく,スピン・軌道相互作用よりも配位子場の影響が強く働くため,軌道角運動量 L の準位がまずによって分裂し,そこにフント則に従ってスピンが埋められていく.それに対して $4f$ 軌道は局在性が強く,スピン・軌道相互作

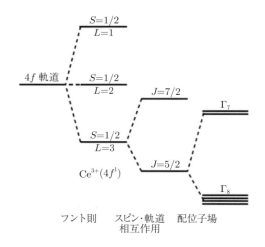

図 1.4 立方対称性の結晶場における $4f$ 軌道（Ce^{3+}）の分裂.

用が重要となるので，図1.4のように，まず J 多重項に分類してから，配位子場による1つの J 多重項の分裂を考える．$3d$ 電子は $4f$ 電子よりも周りの原子との相互作用が強いため，軌道秩序は格子の秩序を伴って起こるのが一般的である．格子変形によって対称性を下げて軌道縮退を解き，エネルギーを低下させることを Jahn-Teller 効果と呼び，そのようなイオンを Jahn-Teller イオンと呼ぶ．このようなイオンが周期的に並んだ場合，各サイトでの Jahn-Teller 歪みがフォノンを媒介として相互作用し，相転移を起こす場合がある．これを協力的 Jahn-Teller 効果と呼ぶ．このとき，縮退の解けた軌道自由度が空間的に配列して軌道秩序が実現する．それに対して，$4f$ 電子系では協力的 Jahn-Teller 効果による格子の秩序形成からは独立し，伝導電子や価電子を媒介として軌道秩序を起こしているように見える．このような d 電子系と f 電子系の違いは，軌道自由度の相転移現象を研究するうえで重要となってくる．また特に，局在電子と遍歴電子との混成効果によって作られる軌道秩序（多極子秩序）の研究は，重要な分野を形成しつつある．

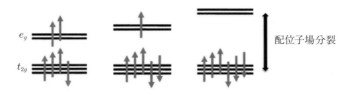

図 1.5 ペロブスカイト型コバルト酸化物中の $Co^{3+}(3d^6)$ のスピン・軌道状態.

最後にもう1つ，スピンと軌道の自由度に関連した自由度である"スピン状態"について説明する．その典型例として，ペロブスカイト型コバルト酸化物中の $Co^{3+}(3d^6)$ のスピン・軌道状態を考えてみよう．e_g 軌道と t_{2g} 軌道の間の分裂幅は，周りの陰イオン（この場合酸素イオン）が作る配位子場分裂幅であり，これが大きい場合には，すべての電子は t_{2g} 軌道に収容され，トータルのスピンは $S=0$ となる（低スピン状態：図 1.5(c)）．一方，この結晶場分裂がそれほど大きくない場合には，原子内の電子間相互作用によりスピンはできるだけ揃った方がエネルギー的に得である（フント則：図 1.5(a)）．この場合，$S=2$ の高スピン状態となる．それでは配位子場分裂の大きさと電子間相互作用の大きさが拮抗した場合，図 1.5(b) にあるような $S=1$ の中間スピン状態は実現するだろうか．このような中間スピン状態は一般的には安定でなく，多くの系で観測されるわけではないが，最近の研究により，この中間スピン状態の存在が明らかになってきた．このような"スピン状態"の自由度は，系の磁気状態に大きな影響を与える．電荷・スピン・軌道そしてスピン状態の秩序がどのように物性に影響するかを次節で紹介する．そのあとに，これらの秩序状態を検出する方法として，放射光を利用した共鳴 X 線散乱法について述べる．

1.2.2 電子自由度秩序と物性

電荷・スピン・軌道・スピン状態自由度の秩序状態は，温度や圧力，磁場や電場を変化させることにより，他の秩序状態あるいは無秩序状態に相転移させ

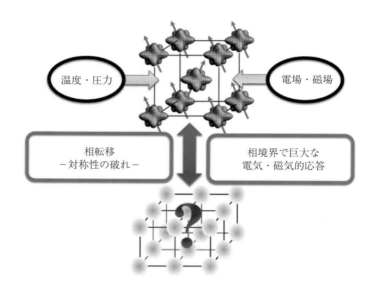

図 1.6 外場による電子自由度秩序の相転移.

ることができる．その概念図が図 1.6 に示されている．各相において電気・磁気的性質は全く異なる．この相転移により，例えば絶縁体から金属，反強磁性体から強磁性体というように物性が劇的に変化する場合がある．そのとき，相転移点近傍では，電気抵抗や磁化のような物理量に大きな変化が観測される．このような場合，わずかに外場を変化させただけで，巨大な電気・磁気的応答を得ることができる．この巨大応答をうまく利用すると効率の良い電子デバイスを作ることができるかもしれない．

その典型的な例は，マンガン酸化物における巨大磁気抵抗効果に見ることができる[10]．図 1.7 はマンガン酸化物の零磁場と磁場中での電気抵抗の温度変化の模式図を示している．零磁場で高い電気抵抗の状態は，右図上にあるような電荷と軌道の秩序が発達した状態である．この状態に磁場を印加すると，系は電荷と軌道が無秩序な状態に変化し，強磁性金属状態が安定になる．このとき，わずかに磁場を変化させることによって，電気抵抗率が数桁にわたって変化す

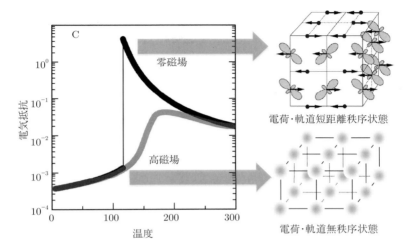

図 1.7 マンガン酸化物の負の巨大磁気抵抗効果の模式図[10]
右側は零磁場および高磁場における電子自由度秩序状態の概念図.

ることが観測されている．このように大きな負の巨大磁気抵抗効果が，この相転移点近傍で観測されている．

　最近研究の盛んなマルチフェロイクス系においても電子自由度秩序は重要である．マルチフェロイクスとは，強誘電性，強磁性，強弾性という性質を2つ以上合わせもつ物質系を指すが，より狭義には，磁気秩序と自発電気分極を合わせもつ物質を指す．その代表的な物性が電気磁気効果である．電気磁気効果には，古くから研究の行われてきた線形電気磁気効果と，比較的最近研究が進んだ非線形磁気効果がある．線形磁気効果においては，磁気多極子などの微視的な機構が提案されている．一方，非線形電気磁気効果においても，スピンや軌道の秩序状態が強誘電性を生み出す起源となっている．

　また，スピン状態も様々な分野で重要な役割を果たしている．遷移金属イオンを含む生体物質は多くあるが，体内に酸素を運搬する血液中のヘモグロビンはその典型であり，鉄のポルフィリン錯体（ヘム鉄）が4個結合したものである．ヘム鉄の鉄イオンは，ポルフィリンの4個の窒素原子とイミダゾール窒素

が配位する5配位高スピン状態 $Fe^{2+}(t_{2g}^4 e_g^2)$ であるが，酸素分子が配位すると6配位低スピン状態 $Fe^{2+}(t_{2g}^6)$ になる．このように d 電子のスピン状態が変わることにより，ヘモグロビン全体の構造が変化し，酸素分子に対する親和性が変化する．このような原理を利用して，鉄ポルフィリン錯体を含む人工血液の開発も進められている．また驚くべきことに，スピン状態は地球惑星科学においても活躍する．地球の内部の構成物質であるマントルは，Mg-Si-O 系に Fe が少し固溶したケイ酸塩からなっている．その鉄は酸素分圧などに応じて様々な酸化状態をとり，温度や圧力に応じて高スピン状態や低スピン状態をとる．この鉄の酸化状態やスピン状態は，鉱物の電気伝導度や密度，粘弾性的性質などに大きな影響を及ぼし，マントルの生成や構造の解明に重要な役割を果たすと考えている．最近では，マントルを構成する物質のスピン状態を明らかにするために，放射光を利用した X 線発光スペクトルの実験が盛んに行われている．

1.3 放射光 X 線による電子自由度秩序の観測

この節では放射光 X 線を利用した電子自由度秩序の観測に関して述べる．まず，電磁波である X 線が電子とどのように相互作用するかを考え，その散乱振幅を求める．次に，その結果を利用して，電子自由度の秩序である，電荷秩序・スピン秩序・軌道秩序・スピン状態秩序が，放射光 X 線回折・散乱によって，どのように観測されるかを述べる．

1.3.1 電子による X 線の散乱

物質に電磁波である X 線を照射したとき，物質中の電子によって X 線がどのように散乱されるかを考えよう[11]．量子化された電磁場中での電子系のハミルトニアンは，量子力学の教科書によると次のように書ける[12]．

$$H = \sum_j \frac{1}{2m}\left(\boldsymbol{p}_j - \frac{e}{c}\boldsymbol{A}(\boldsymbol{r}_j)\right)^2 + \sum_{i,j} V(\boldsymbol{r}_{ij}) - \frac{e\hbar}{2mc}\sum_j \boldsymbol{s}_j \cdot \nabla \times \boldsymbol{A}(\boldsymbol{r}_j)$$
$$-\frac{e\hbar}{2m^2c^2}\sum_j \boldsymbol{s}_j \cdot \boldsymbol{E}(\boldsymbol{r}_j) \times \left(\boldsymbol{p}_j - \frac{e}{c}\boldsymbol{A}(\boldsymbol{r}_j)\right) + \sum_{\boldsymbol{k},\lambda}\hbar\omega_k\left(a_{\boldsymbol{k}\lambda}^+ a_{\boldsymbol{k}\lambda} + \frac{1}{2}\right). \quad (1.2)$$

このハミルトニアンの中には,電子のエネルギー,電磁場のエネルギー,そして電子と電磁場の相互作用が含まれている:第1項は電磁場中での電子の運動エネルギー,第2項は原子核や他の電子からのポテンシャルエネルギー,第3項はゼーマンエネルギー,第4項はスピン・軌道相互作用,第5項は電磁場のエネルギーを表している.$A(r_j)$ は電磁場のベクトルポテンシャル,$a^+_{k\lambda}$, $a_{k\lambda}$ はそれぞれ,波数ベクトル k,偏光状態 λ をもつ光子の生成,消滅を表すボーズ演算子である.電場 $E(r)$ はクーロンポテンシャル ϕ,ベクトルポテンシャル A によって,

$$E(r) = -\nabla \phi(r) - \frac{1}{c}\dot{A}(r) \tag{1.3}$$

と書かれるので,これを式 (1.2) に代入してその A の1次の項を無視すると,系のハミルトニアンは次のようにまとめることができる.

$$\begin{aligned}
H &= H_0 + H_R + H' \\
H_0 &= \sum_j \frac{1}{2m} p_j^2 + \sum_{i,j} V(r_{ij}) + \frac{e\hbar}{2m^2 c^2} \sum_j s_j \cdot (\nabla \phi_j \times p_j) \\
H_R &= \sum_{k,\lambda} \hbar \omega_k \left(a^+_{k\lambda} a_{k\lambda} + \frac{1}{2} \right) \\
H' &= \frac{e^2}{2mc^2} \sum_j A^2(r_j) - \frac{e}{mc} \sum_j A(r_j) \cdot p_j - \frac{e\hbar}{mc} \sum_j s_j \cdot [\nabla \times A(r_j)] \\
&\quad - \frac{e^3 \hbar}{2m^2 c^4} \sum_j s_j \cdot [\dot{A}(r_j) \times A(r_j)] \\
&\equiv H'_1 + H'_2 + H'_3 + H'_4.
\end{aligned} \tag{1.4}$$

ここで,H'_1 と H'_4 はベクトルポテンシャル A の2次,H'_2 と H'_3 は A の1次である.A は光子の消滅・生成演算子を用いて次のように表される.

$$A(r) = \sum_{k,\lambda} \sqrt{\frac{2\pi \hbar c^2}{V \omega_k}} (\varepsilon_{k\lambda} a_{k\lambda} e^{ik \cdot r} + \varepsilon^*_{k\lambda} a^+_{k\lambda} e^{-ik \cdot r}) \tag{1.5}$$

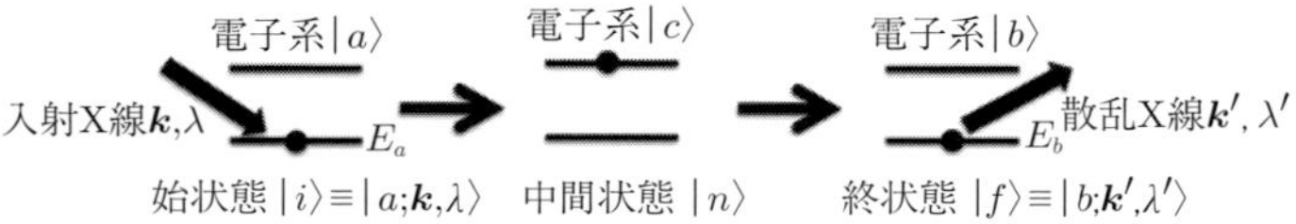

図 1.8　電子による X 線の散乱過程.
共鳴散乱における中間状態は，入射 X 線により原子の内殻準位の電子が外殻非占有準位に励起された状態で，この後，励起された電子が再び内殻準位に戻るとき散乱 X 線が生じる.

ここで，$\varepsilon_{\boldsymbol{k}\lambda}$ は光子の偏光ベクトルであり，電磁波である X 線は横波であるので $\boldsymbol{k}\cdot\boldsymbol{\varepsilon}_{\boldsymbol{k}\lambda}=0$ の関係が成り立っている.

図 1.8 に示すように，はじめに電子系はエネルギー E_a をもつ H_0 の固有状態 $|a\rangle$ にあり，そこに波数 $\boldsymbol{k}$，偏光状態 λ の光子が入射したとする．H' によって電子系は固有状態 $|b\rangle$ に遷移が起こり，波数 $\boldsymbol{k}'$，偏光状態 λ' の光子が散乱されたとする．このとき，電子系と光子を合わせた系全体の始状態を $|i\rangle$，中間励起状態を $|n\rangle$，終状態を $|f\rangle$ とすると，この状態間の単位時間あたりの遷移確率 w は，フェルミの黄金則により次のように表される.

$$\begin{gathered}w=\frac{2\pi}{\hbar}\left|\langle f|H'|i\rangle+\sum_n\frac{\langle f|H'|n\rangle\langle n|H'|i\rangle}{E_i-E_n}\right|^2\delta(E_i-E_f)\\|i\rangle\equiv|a;\,\boldsymbol{k},\,\lambda\rangle,\quad|f\rangle\equiv|b;\,\boldsymbol{k}',\lambda'\rangle,\\E_i=E_a+\hbar\omega_k,\quad E_f=E_b+\hbar\boldsymbol{\omega}_{\boldsymbol{k}'}.\end{gathered}\tag{1.6}$$

始状態（終状態）のエネルギーは電子系のエネルギー E_a（E_b）と光子のエネルギー $\hbar\omega_k(\hbar\omega_{k'})$ の和で書かれる．光子の散乱過程を考えるとき，H'_2 と H'_3 の摂動項は A を 1 次で含み光子の生成または消滅を起こすので，上式第 1 項の 1 次摂動はゼロになり，第 2 項の 2 次摂動のみ有限の値をもつ．この項は，系が始状態 $|i\rangle$ から，光子が 1 個生成または消滅した中間励起状態 $|n\rangle$ を経て，終状態 $|f\rangle$ へ遷移する確率を与える．一方，H'_1 と H'_4 の摂動項は 1 次摂動にのみ寄与を与える．散乱断面積は，遷移確率 w と終状態の状態密度 $\rho(E_f)$ を用いて次のように計算することができる.

$$\left(\frac{d^2\sigma}{d\Omega dE}\right) = \frac{w \cdot \rho(E_f)}{I_0},$$
$$\rho(E_f) = \frac{V \cdot \omega_{k'}^2}{(2\pi)^3 \hbar c^3}, \; I_0 = \frac{c}{V} \tag{1.7}$$

ここで，I_0 は入射する光子密度である．これにより始状態 $|a; \bm{k}, \lambda\rangle$ から終状態 $|b; \bm{k}', \lambda'\rangle$ への散乱断面積が計算できる．散乱プロセスにおいて，系の電子状態が励起され，終状態が始状態と等しくなくなる散乱（$|a\rangle \neq |b\rangle$）は，共鳴非弾性散乱と呼ばれ，最近，系の電子非占有状態に関する情報を得るための重要な実験手法として発展しているが，ここでは（$|b\rangle = |a\rangle$）となる弾性散乱のみを考えることにする．弾性散乱の場合，ある散乱角方向への単位立体角あたりの散乱断面積（微分散乱断面積）は散乱振幅の絶対値の 2 乗で与えられる．そのとき，散乱断面積が式 (1.7) で表される原子からの散乱振幅（f）は，非共鳴項（f_{nonres}）と共鳴項（f_{res}）に分けて，次のように整理して書かれる．

$$f = f_{nonres} + f_{res} = f_0 + if_m + f_{res}. \tag{1.8}$$

第 1 項 f_0 は電子密度のフーリエ変換 $\sum_j e^{i\bm{k}\cdot\bm{r}_j}$ を含み原子散乱因子を与え，いわゆるトムソン散乱を生じる．第 2 項は，スピン密度のフーリエ変換 $\sum_j e^{i\bm{k}\cdot\bm{r}_j} \cdot \bm{s}_j$ を含んでおり，電磁場と電子スピンの相互作用によって磁気散乱を生じる．トムソン散乱では X 線の偏光状態に変化はないが，磁気散乱では偏光状態の変化が現れる．また，因子 i が付いていることから，トムソン散乱に比べて，位相が $\pi/2$ ずれていることがわかる．また，その散乱強度は，$\left(\frac{\hbar\omega}{mc^2}\right)^2$ の因子の分だけ小さくなる．この因子は 10 keV 程度のエネルギーの X 線を使う場合，10^{-4} 程度となるため非共鳴 X 線磁気散乱の検出は容易ではない．

共鳴 X 線散乱は，式 (1.8) の f_{res} から生じる．入射 X 線のエネルギーが電子系の始状態と中間状態の間のエネルギー差に近づいたとき（$\hbar\omega_k \approx E_c - E_a$：共鳴の条件），$f_{res}$ が非常に大きくなる．この共鳴条件においては，電子系が始状態 $|a\rangle$ から中間励起状態 $|c\rangle$ を経て終状態 $|b\rangle$ となるプロセスを考える．実際の中間励起状態は入射 X 線により内殻電子の遷移が起こり，内殻準位にホールができ外殻非占有準位に電子が付け加わった状態である．ある近似のもとに，

f_{res} は次のように書くことができる．

$$f_{res} = \frac{e^2}{m^2c^2} \sum_c \left(\frac{E_a - E_c}{\hbar\omega}\right) \frac{\langle a|\boldsymbol{\varepsilon}' \cdot \boldsymbol{J}^+(\boldsymbol{k}')|c\rangle\langle c|\boldsymbol{\varepsilon} \cdot \boldsymbol{J}(\boldsymbol{k})|a\rangle}{E_a - E_c + \hbar\omega - i\Gamma_c/2} \quad (1.9)$$

ここで，演算子 $\boldsymbol{J}(\boldsymbol{k})$ は $\boldsymbol{J}(\boldsymbol{k}) = \sum_j e^{i\boldsymbol{k}\cdot\boldsymbol{r}_j}(\boldsymbol{p}_j - i\hbar\boldsymbol{k}\times\boldsymbol{s}_j)$ となり，第2項目にスピン $\boldsymbol{s}_j$ を含んでいることに注意してほしい．これは電子の運動量密度を表す演算子で，電流密度演算子と呼ばれる．この演算子の中を $e^{i\boldsymbol{k}\cdot\boldsymbol{r}} \approx 1 + i\boldsymbol{k}\cdot\boldsymbol{r}$ と近似することにより，主な共鳴X線散乱振幅を計算することができる．その結果，共鳴X線散乱振幅は電気多極子による遷移と磁気多極子による遷移の2つの部分に分けて書ける．ここでは，磁気多極子による遷移の共鳴散乱振幅は，電気多極子によるものに比べ非常に小さいのでこれを無視する．一方，電気多極子による散乱振幅 $f_{res}^{(E)}$ には，次のように電気双極子と電気四極子による遷移からの寄与があることがわかる[13]．

$$f_{res}^{(E)} = -\frac{e^2}{mc^2}\sum_c \frac{m\omega_{ca}^3}{\omega}\sum_{\alpha,\beta}\varepsilon'_\alpha\cdot\varepsilon_\beta$$
$$\times\sum_{\gamma,\delta}\frac{\langle a|R_\alpha - \frac{1}{2}iQ_{\alpha\gamma}k'_\gamma|c\rangle\langle c|R_\beta + \frac{1}{2}iQ_{\beta\delta}k_\delta|a\rangle}{\hbar\omega - \hbar\omega_{ca} - i\Gamma_c/2} \quad (1.10)$$

ここで $\hbar\omega_{ca} = E_c - E_a$ で，$\alpha,\beta,\gamma,\delta$ は直交座標 x,y,z を表している．また $R_\alpha, Q_{\alpha\gamma}$ などは，それぞれ原子の電気双極子，電気四極子を表す演算子で次式のとおりである．

$$R_\alpha = \sum_j r_{j\alpha}, \quad Q_{\alpha\gamma} = \sum_j r_{j\alpha}r_{j\gamma} \quad (1.11)$$

このように電気多極子による共鳴X線散乱振幅は，電気双極子による項（$E1$ 遷移項）と電気四極子による項（$E2$ 遷移項）が現れるが，一般には $E2$ 遷移によって $|a\rangle$ から $|c\rangle$ への励起のあと，$E1$ 遷移によって再び $|a\rangle$ へ戻るような過程を表す項も現れる．ただし，このような項は注目する原子について反転対称性がないときにのみ生じる．また，散乱強度は散乱振幅の絶対値の2乗に比例

するので，$E1$ 遷移による項と $E2$ 遷移による項の掛け算で表されるような散乱，すなわち $E1$ 遷移と $E2$ 遷移の間の干渉から生じるような散乱が観測される場合もある．さて，ここではさらに近似を進めて，$E1$ 遷移による散乱振幅のみを書き出すと次式のようになる．

$$f_{res}^{(E1)} = -\frac{e^2}{mc^2}\sum_c \frac{m\omega_{ca}}{\omega}\sum_{\alpha,\beta}\varepsilon'_\alpha\cdot\varepsilon_\beta f_{\alpha\beta}$$

$$f_{\alpha\beta} = \frac{\langle a|R_\alpha|c\rangle\langle c|R_\beta|a\rangle}{\hbar\omega - \hbar\omega_{ca} - i\Gamma_c/2} \tag{1.12}$$

ここで $f_{\alpha\beta}$ は 3×3 の行列で表されるランク 2 のテンソルである．$E1$ 遷移による原子散乱テンソルは，等方的対角成分 $f_{\alpha\beta}^{(i)}$，反対称的非対角成分 $f_{\alpha\beta}^{(a)}$，対称的成分 $f_{\alpha\beta}^{(s)}$ の 3 つの成分の和によって表すことができる．これらの成分は，それぞれ電気単極子，磁気双極子，電気四極子からの原子散乱振幅への寄与であると考えることができる．磁気モーメントや，あとに述べるような軌道秩序（多極子秩序）によって，原子の状態がある軸の周りに異方的になったと仮定し，その主軸方向を表す単位ベクトルを $\boldsymbol{u} = (u_x u_y u_z)$ とする．そのとき，$f_{res}^{(E1)}$ は次のように表すことができる．

$$\begin{aligned}f_{res}^{(E1)} &= f_{\alpha\beta}^{(i)} + f_{\alpha\beta}^{(a)} + f_{\alpha\beta}^{(s)} = d_0\begin{pmatrix}1 & 0 & 0\\ 0 & 1 & 0\\ 0 & 0 & 1\end{pmatrix} - d_1\begin{pmatrix}0 & u_z & -u_y\\ -u_z & 0 & u_x\\ u_y & -u_x & 0\end{pmatrix}\\ &+ d_2\begin{pmatrix}u_x^2 - 1/3 & u_x u_y & u_x u_z\\ u_y u_x & u_y^2 - 1/3 & u_y u_z\\ u_z u_x & u_z u_y & u_z^2 - 1/3\end{pmatrix}.\end{aligned} \tag{1.13}$$

1 番目の $f_{\alpha\beta}^{(i)}$ 項は通常のスカラーな原子散乱振幅の異常分散項を表しており，次節で述べる電荷秩序の検出に重要な役割を果たす．2 番目の $f_{\alpha\beta}^{(a)}$ 項は，磁気モーメントが存在するとき有限の大きさをもつようになる．この項を通して，磁気モーメントを観測する手法は共鳴交換散乱法と呼ばれている[14]．最後の $f_{\alpha\beta}^{(S)}$ 項は，軌道秩序などによる電荷分布の球対称からのずれによって生じる．

1.3.2 電子自由度秩序の観測

A. 電荷秩序の観測

強相関電子系において観測される電荷秩序は，これまでによく調べられてきた電荷密度波とはその生成原因において全く異なるものである．両者とも電子の長周期空間分布の状態を表すものであるが，前者は純粋に電子間クーロン斥力によるもので，後者は特徴的なフェルミ面形状と電子・格子相互作用による効果である．通常，このような電荷秩序は価電子 1 個以下が空間秩序をもって分布した状態であり，高輝度 X 線を利用したとしてもその秩序状態を明らかにすることは容易な仕事ではない．しかし，放射光のエネルギー可変性を用い，注目するイオンの吸収端にエネルギーを合わせることにより，これが可能となる．この手法は異常分散法として知られており，以下にこの手法の原理を述べる．

化合物中のある金属イオン M のサイトが，電荷秩序状態において $M^{+\delta}$ と $M^{-\delta}$ という 2 つの非等価なサイトに分裂したと仮定する．簡単のため 1 次元的な電荷秩序状態を図 1.9(a) に示す．吸収端近傍における原子散乱因子は，式 (1.8) より磁気散乱振幅を省くと下記のように書くことができる．

$$f(E) = f_0 + f'(E) + f''(E) \tag{1.14}$$

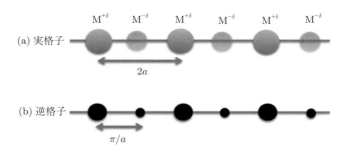

図 1.9 1 次元的な電荷秩序モデル．
(a) 実格子空間での金属イオン $M^{+\delta}$ と $M^{-\delta}$ の電荷秩序
(b) 逆格子空間での基本反射（大きな黒丸）と超格子反射（小さな黒丸）．

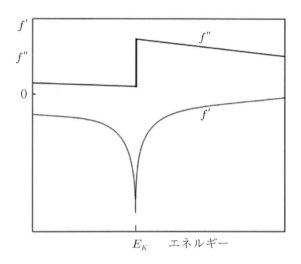

図 1.10 遷移金属イオンの異常分散因子 f', f'' のエネルギー依存性の概略図.

ここで,E は X 線のエネルギー,f_0, $f'(E)$, $f''(E)$ はそれぞれ,通常のトムソン散乱因子,異常分散因子(f_{res}:式 (1.13) の $f_{\alpha\beta}^{(i)}$)の実部と虚部である.この異常分散因子はエネルギーの関数であり,吸収端近傍で大きく変化する.図 1.10 に遷移金属イオン M の典型的な f' と f'' のエネルギー依存性が示されている.吸収端エネルギー E_K 近傍において,f',f'' ともに大きく変化して,それぞれ特徴的なエネルギー依存性をもっている.この吸収端のエネルギー値は,イオンの価数によってわずかに変化する.すなわち,$M^{+\delta}$ の吸収端エネルギーは $M^{-\delta}$ のものとわずかに異なる(通常,数 eV の差がある)ので,吸収端近傍での $M^{+\delta}$ と $M^{-\delta}$ に対する原子散乱因子は,その異常分散項の違いにより,大きく違ってくる.つまり吸収端近傍では,
$$f^{+\delta}(E) = f^{+\delta} + f'^{+\delta}(E) + f''^{+\delta}(E) \neq f^{-\delta}(E) = f_0^{-\delta} + f'^{-\delta}(E) + f''^{-\delta}(E)$$
となる.

図 1.9(a) に示すような 1 次元的 $M^{+\delta}$ と $M^{-\delta}$ の電荷秩序からの X 線反射を考えよう.電荷無秩序状態では,図 1.9(b) の基本反射(大きな黒丸)のみが,

$2\pi/a$ の間隔で現れるが,電荷秩序状態ではその中間地点に超格子反射が現れる.この超格子反射の構造因子には,$f^{+\delta}(E)$ と $f^{-\delta}(E)$ の差が含まれるため,その反射強度のエネルギー依存性は吸収端近傍で大きな異常が観測されることが予想される.もし,$f^{+\delta}(E)$ と $f^{-\delta}(E)$ が他の実験より独立に求められているならば,この超格子反射強度を計算することができ,実験との一致具合を検証することができる.通常,$f^{+\delta}(E)$ と $f^{-\delta}(E)$ の実験的導出は,同じ化合物系で $M^{+\delta}(M^{-\delta})$ だけからなる物質を用いた吸収曲線より $f''^{+\delta}(E)(f''^{+\delta}(E))$ を求め,その Kramers-Kronig 変換により $f'^{+\delta}(E)(f'^{-\delta}(E))$ を求めることによって行われる.このようにして,構造因子の異なる複数個の超格子反射を測定することにより,電荷秩序パラメーター δ を求めることができる.しかし,共鳴散乱強度は試料形状などの影響を受けやすいため,実験には十分な注意が必要であり,δ の導出には他の実験との整合性を考えながら慎重に進める必要がある.

具体例として,層状ペロブスカイト型マンガン酸化物 $La_{0.5}Sr_{1.5}MnO_4$ の例について述べる[15].結晶系は高温超伝導でおなじみの K_2NiF_4 タイプの正方晶系である.電気抵抗の測定から,$T= 220$ K 以下の温度で電荷および軌道秩序が存在することが示唆され,その後,中性子回折実験により酸素原子の歪みが観測され,この Mn 価数(以後,Mn^{3+} と Mn^{4+} と書く)の秩序相,すなわち電荷秩序相の存在が裏付けられた.この電荷秩序相の観測に共鳴 X 線散乱法が適用された.上に述べたように,Mn^{3+} の K 吸収端エネルギーは,Mn^{4+} のそれとわずかに異なる.もし Mn^{3+},Mn^{4+} の空間的秩序が実現しているならば,その電荷秩序による超格子反射強度のエネルギー依存性は吸収端近傍で大きな異常が観測されることが予想される.図 1.11 に,本系において直接観測された面内での電荷・スピン・軌道秩序状態を示す.電荷および軌道の無秩序状態でのユニットセル単位格子をもとに面指数を表すと,電荷秩序による超格子反射 $(h/2,h/2, 0)$ の構造因子 F は次のように計算される.

$$F = (f'_{3+} - f'_{4+}) + i(f''_{3+} - f''_{4+}) + c \tag{1.15}$$

ここで $f'_{3+}, f''_{3+}, f'_{4+}, f''_{4+}$ はそれぞれ,Mn^{3+},Mn^{4+} の異常分散項,c はエネルギーに依存しない項で,主に酸素原子の歪みから生じる.吸収端近傍では

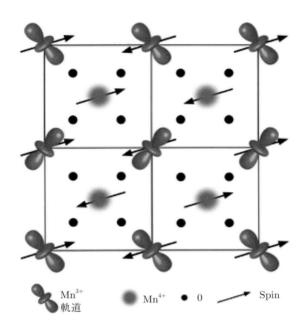

図 1.11 層状ペロブスカイト構造をもつ $La_{0.5}Sr_{1.5}MnO_4$ の電荷・スピン・軌道状態の模式図.

式 (1.15) の第 1 項と第 2 項が大きな値をもつ異常を示すはずである.実際に測定された超格子反射 (3/2, 3/2, 0) の強度のエネルギー依存性を図 1.12 に示す.f''_{3+} と f''_{4+} はそれぞれ $LaSrMn^{3+}O_4$ と $Sr_2Mn^{4+}O_4$ の吸収スペクトルから求められ,それらを Kramers-Kronig 変換することによって f'_{3+} と f'_{4+} が求められる.これらの異常分散項を式 (1.15) に代入して,散乱強度を求めたものが図 1.12 の実線であり,実験結果をよく説明している.この結果は,ドープされたホールが Mn サイトにあり,十分低温では実際に Mn^{3+} と Mn^{4+} が空間的に規則正しく配列しているという証拠であると考えられる.しかしながら,必ずしも電荷は 1 電子単位で秩序している保証はなく,より小さな電荷が

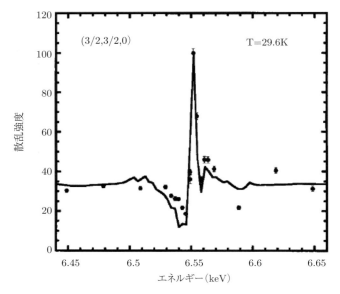

図 1.12 $La_{0.5}Sr_{1.5}MnO_4$ における電荷秩序からの超格子反射 (3/2,3/2,0) の Mn K 吸収端近傍でのエネルギー依存性[15].

平均して各 Mn サイトに分布しているという可能性は残されている．このような電荷秩序は，マンガン酸化物で観測される巨大磁気抵抗効果と深いつながりがあることがわかってきた．すなわち，高い電気抵抗をもつ相ではこのような電荷秩序が発達しており，磁場中で電気抵抗が下がった相では，電荷秩序が融解している状態であることが明らかになった．

B. スピン秩序の観測

これまで，X 線磁気散乱法を用いて多くのスピン秩序状態が明らかにされてきた．そこでは，式 (1.8) の中の非共鳴磁気散乱を与える if_m を利用する場合と，共鳴散乱項 f_{res} の中の共鳴磁気散乱を与える項 (式 (1.13) の $f_{\alpha\beta}^{(a)}$) を利用する場合がある．非共鳴磁気散乱では，散乱過程が単純であるため，定量的な議論を容易に行うことができる．特に，軌道磁気モーメントとスピン磁気モーメントからの散乱は，その偏光状態が異なることを利用して，両者を独立に観

測することができることが大きな特徴である．一方，共鳴磁気散乱では，元素選択性という長所があり，複数の磁性イオンを含む場合や非磁性イオンに磁気分極が発生するような場合にはその威力を存分に発揮する．また非共鳴・共鳴 X 線磁気散乱の共通した特徴として次の 3 点がある．1. 高い空間分解能：発散の非常に小さい入射 X 線を利用できるため，通常の中性子磁気散乱に比べ，約 1 桁以上空間分解能を高くすることができる．この特徴を活かし，長周期磁気構造の決定や臨界点近傍での長距離磁気相関に関する研究が行われている．2. 微小試料でも測定可能：入射 X 線を通常 0.1 mm^2 程度の面積まで容易に集光することができるため，試料サイズを小さくできる．大きな単結晶の育成が困難な系に対して有効であるだけでなく，低温・高圧・強磁場などの極限条件下における小さな試料スペースでの実験が可能である．3. 無視できる消衰効果：散乱断面積が小さいことの裏返しではあるが，消衰効果が全く現れない．したがって，完全結晶に近い物質の定量的な反射強度の評価時に，やっかいな消衰効果補正を行う必要がない．これを利用し，磁気秩序変数を消衰効果の補正なしに直接求めることができるので，臨界現象の研究において信頼性の高いデータを得ることができている．

　非共鳴磁気散乱による磁気構造の決定においては，散乱 X 線の偏光解析が重要な役割を果たす．放射光 X 線回折実験において，多くの場合用いられる直線偏光に対して，図 1.13 に示すように入射・散乱 X 線の波数ベクトル，偏光ベクトルを定義すると，非共鳴 X 線磁気散乱の散乱振幅は次のように表される．

$$f_m = -i\frac{\hbar\omega}{mc^2}\begin{bmatrix} M_{\sigma\sigma} & M_{\pi\sigma} \\ M_{\sigma\pi} & M_{\pi\pi} \end{bmatrix} \tag{1.16}$$

ここで，

$$\begin{aligned} M_{\sigma\sigma} &= S_2 \sin 2\theta \\ M_{\pi\sigma} &= -2\sin^2\theta[(L_1 + S_1)\cos\theta - S_3 \sin\theta] \\ M_{\sigma\pi} &= 2\sin^2\theta[(L_1 + S_1)\cos\theta + S_3 \sin\theta] \\ M_{\pi\pi} &= \sin 2\theta[2L_2 \sin^2\theta + S_2]. \end{aligned} \tag{1.17}$$

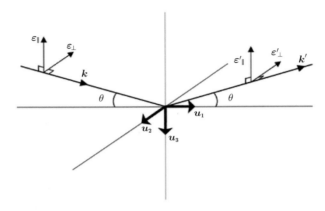

図 1.13 入射, 散乱 X 線の波数ベクトル k, k', 偏光ベクトルの定義 $\varepsilon, \varepsilon'$. 偏光ベクトルは k と k' の張る散乱面に垂直, $\hat{\varepsilon}_{\|}, \hat{\varepsilon}'_{\|}$ は散乱面に平行なベクトル, u_i は磁気構造を表すときの基本ベクトルである.

S_i, L_i はそれぞれ図 1.14 の中の u_i 方向のスピン磁気モーメントと軌道磁気モーメントの成分を表す. 非共鳴条件においては, 磁気散乱のみが X 線の偏光を回転させることができるので, 偏光解析を行うことにより, 電荷散乱から磁気散乱を分離抽出することができる. また, 式 (1.16), (1.17) を利用して実験条件を工夫すると, 軌道磁気モーメント L とスピン磁気モーメント S を分離して求めることができる.

一方, 共鳴磁気散乱と非共鳴磁気散乱の比較による磁気構造の決定の試みは, 1990 年代から数多く行われてきた. 磁気構造から生じるサテライトピークの反射強度を共鳴・非共鳴条件において測定し, その波数依存性を磁気構造モデルと比較することにより, 磁気モーメントの方向が決定される. また, 複数の磁気イオンからなる, より複雑な磁気構造を決定するには, 中性子磁気散乱と併用することにより, 1 つのサイトのある成分を中性子磁気散乱により求められた値に等しいとおき, 他のサイトの磁気モーメントの大きさを決定するなどの方法がとられることもある. これらの一連の研究により, 中性子磁気散乱と同様に, X 線磁気散乱による磁気構造決定の可能性が現実のものとなり, 中性子

磁気散乱では決定できないような試料や条件下において，その磁気構造を決定できるようになったことは大きな進歩である．

軟 X 線を用いた磁気円二色性の先駆的実験[16] のあと，磁気円（線）二色性は磁性研究に重要な情報を与え続けてきた．一方，軟 X 線を利用した共鳴磁気散乱も注目を集めている．磁性界面のラフネス，磁気ドメイン，多層膜での磁気的カップリングなどについて興味深い実験が行われている．その中でも特に興味深いものは，マンガン酸化物のスピン・軌道秩序や高温超伝導体中でのホール秩序など，強相関 $3d$ 電子系における電子状態に関する研究である[17]．$3d$ 電子系において軟 X 線を用いる利点は，L 吸収端 $(2p \rightarrow 3d)$ のエネルギーを利用できるため，中間励起状態として磁性を担う $3d$ レベルを観測できる点である．この利点により，直接的に磁性電子（$3d$ 電子）の情報を得ることができるだけでなく，共鳴散乱強度も通常の K 吸収端を利用する散乱強度に比べ，圧倒的な増大が期待できる．ただし，共鳴 X 線散乱は分光だけでなく回折を行うため，ブラッグの回折条件：$2d\sin\theta = n\lambda$ を満たす必要がある．通常，$3d$ 電子系の L 吸収端での X 線の波長は，1.3～2.8 nm 程度であるので（エワルド球がとても小さい），回折条件を満たすためには，反射面間隔 d は 0.65～1.4 nm 以上でなければならない．これはかなりの長周期構造であるが，磁気秩序や軌道秩序は長周期構造をもつことも多いので，様々な物質系への適用を考えることができる．通常の X 線回折とは違い，軟 X 線は空気などによる吸収が大きく，試料・回折計・検出器をすべて真空槽中に入れて実験を行う必要があるので，実験条件として制約を受けることも多いが，軟 X 線共鳴散乱は重要なツールとして定着しつつある．

すでに述べたように共鳴 X 線磁気散乱の大きな特徴の 1 つは，注目する原子のある特定の軌道状態に敏感なことである．観測したい原子の吸収端のエネルギーに入射 X 線のエネルギーを合わせることにより，莫大な強度の増大が観測されている．例えば，共鳴散乱強度は非共鳴散乱強度に比べ，アクチノイド元素の M 吸収端では，10^5～10^6 倍も大きい．一方，希土類元素の L 吸収端では，10^1～10^2 倍，遷移金属元素の K 吸収端では，10^0～10^1 倍大きい程度である．もちろん共鳴 X 線磁気散乱に利用されるイオンは，いずれも磁性イオンである．しかし最近，ウランの金属間化合物において，非磁性イオンの吸収端で

共鳴 X 線磁気散乱が観測されたとの報告が相次ぎ，注目を集めた．UPtGe における Pt L_3 吸収端や Ge K 吸収端，UGa$_3$ における Ga K 吸収端，UAs における As K 吸収端での共鳴 X 線散乱などがその例である．このような非磁性イオンの吸収端での共鳴散乱強度増大の原因は，理論的にも研究が進められた．バンド構造計算に基づいた理論より，スピン軌道相互作用を考慮すると，非磁性イオンの非占有状態における大きな軌道分極が，隣接する U 5f 軌道分極により生じることが示された．

C. 軌道秩序の観測

共鳴 X 線散乱による軌道秩序の観測は，放射光 X 線のもつ高輝度・エネルギー可変性・偏光特性・高指向性という 4 つの特徴を利用したものである．結晶のある反射からの X 線回折強度は，運動学的回折理論によると，結晶構造因子 F の 2 乗に比例する．ある結晶面 (h, k, l) の結晶構造因子 F_{hkl} は，結晶の単位胞内の j 番目の原子の位置を (u_j, v_j, w_j)，散乱因子を f_j とすると，

$$F_{hkl} = \sum_j f_j \exp[-2\pi i(hu_j + kv_j + lw_j)] \quad (1.18)$$

となる．例えば，体心立方格子をもつ結晶の (100) 面からの反射では F_{100} がゼロになり，禁制反射と呼ばれる．ところが，この禁制反射に反射強度がわずかに現れる場合がいくつかある．電子分布の球対称からの歪みや，格子振動の異方性がその原因となる．ドミトリンコ (Dmitrienko) は，"結晶の中の原子の環境"からくる，原子散乱因子 f_j の異方性に基づく散乱を ATS(Anisotropy of the Tensor of Susceptibility) 散乱と名付け，禁制反射位置に反射強度が生じることを示した[18]．通常，X 線領域のエネルギーにおいては，f_j におけるこの異方性は非常に小さいので，X 線回折理論では，f_j をスカラー量として扱う．ところが，その原子の吸収端近傍のエネルギーでは，$f_j(E)$ の異方性が大きくなる：式 (1.14) の異常分散項 $f'(E)$ と $f''(E)$ が吸収端近傍で大きな異方性を示すようになることが，$f_j(E)$ の異方性の原因である．このような場合には，原子散乱因子 $f_i(E)$ は式 (1.13) のように，スカラー量でなくテンソル量として表現しなければいけない．

原子散乱因子をスカラーからテンソルに取り替えた場合，通常の反射とは全

く違う 2 つの特徴が現れる．その 1 つは散乱強度が散乱ベクトル回りの回転角（アジマス回転角）の関数として振動するということである．通常の散乱では，散乱強度はアジマス回転角に依存しない．もう 1 つの特徴は，試料から回折された X 線の偏光状態が，入射 X 線の偏光状態から変化するということである．通常の散乱では X 線の偏光状態の変化は観測されない．さて，反強的軌道秩序においては軌道交替に伴って，2 種類の環境（軌道状態）をもつ原子が期待できる．したがって，軌道秩序観測のためにこの ATS 散乱が生じることが期待できる．実際に，多くの軌道秩序系の ATS 散乱が測定され，散乱強度のアジマス角依存性や偏光依存性と，軌道秩序モデルからの計算結果を比較することにより，様々な軌道秩序状態が調べられてきた．

軌道秩序は電子軌道に縮退がある場合に生じる可能性があるため，多くの系に対して観測される現象である．これまでによく調べられてきた系は，ペロブスカイト型遷移金属酸化物である．図 1.3 のマンガン酸化物のように e_g 電子に軌道自由度が生じる場合と，Ti や V 酸化物のように t_{2g} 電子系に軌道自由度が生じる場合がある．そのどちらの系でも軌道秩序が観測されている．この 2 つの系の大きな違いは，e_g 電子系では電子軌道が酸素イオンの方向に伸びているため，酸素イオンからの影響を受けやすいが，一方，t_{2g} 電子系においては，その電子軌道が酸素イオンを避ける方向に伸びているため，酸素イオンからの影響が比較的小さいことである．軌道秩序は遷移金属系においてだけでなく f 電子系においても観測されている．f 電子系では軌道の広がりが狭く格子との結合も小さいために，格子変形を伴わずに軌道秩序が出現する可能性がある．例えば CeB_6 において比熱や弾性定数に現れる低温異常は，$4f$ 軌道のもつ電気四極子（軌道秩序）の長距離秩序によるものと考えられている．強四極子秩序状態では，一様に配列した四極子モーメントによる格子歪みを通して秩序変数を観測することができるが，反強四極子秩序状態では，一様歪みと一次結合しないため原子変位は必ずしも期待できない．そのため反強四極子秩序変数の観測は容易ではなく，理論的な予想に留まっていた．しかし，共鳴 X 線散乱による DyB_2C_2 の反強四極子秩序の発見に続き，CeB_6 をはじめとする多くの f 電子系の四極子秩序が明らかにされた．さらに，UPd_3 や NpO_2 の $5f$ 電子系の多極子秩序も観測されるようになっている．今後，より高次の多極子秩序や奇パ

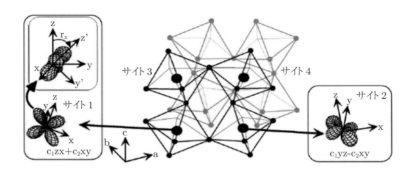

図 1.14 YTiO$_3$ の結晶構造と軌道秩序．(Crystal and orbital structures of YTiO$_3$) 基本単位胞の中の 4 サイトの Ti 位置が大きな黒丸，酸素位置は小さな黒丸によって示されている．x, y, z 座標は TiO$_6$ 八面体の中で Ti-O の方向に取られている．サイト 1 の挿入図中の x, y', z' 座標は，t_{2g} 軌道が延びた面を xz' 面と取るように定義されている．また，r_x は z 軸と z' 軸のなす角である[19]．

リティ多極子秩序の観測がどんどん行われるようになるだろう．

共鳴 X 線散乱法による軌道秩序観測が続く中，一方でその散乱メカニズムに関する議論も盛んに行われたが，ここではその詳細には立ち入らない．この問題に関連して，共鳴 X 線散乱法の 1 つの問題として，定量的軌道秩序の困難さがあげられていたが，YTiO$_3$ という系を対象とした研究では，軌道状態の定量的決定を行うことに成功している[19]．図 1.14 はこの系の結晶構造と 4 つの副格子からなる軌道秩序状態を示している．(100)，(011)，(001) 反射は軌道無秩序状態では禁制反射であるが，これらの反射位置には室温ですでに軌道秩序による ATS 散乱が生じる．回折された X 線の偏光状態を区別して，これらの反射強度のエネルギー依存性・アジマス角依存性を詳細に調べることにより，これらの反射間の相対強度を軌道秩序モデルと比較することにより，次のような軌道秩序状態をもつことを明らかにした．

$$\left|site1\right\rangle = \frac{1}{\sqrt{2}}(d_{zx} + d_{xy}) \quad \left|site2\right\rangle = \frac{1}{\sqrt{2}}(d_{yz} - d_{xy})$$
$$\left|site3\right\rangle = \frac{1}{\sqrt{2}}(d_{zx} - d_{xy}) \quad \left|site4\right\rangle = \frac{1}{\sqrt{2}}(d_{yz} + d_{xy}). \quad (1.19)$$

この結果は，係数の微妙な差はあるものの偏極中性子回折・NMR・理論の結果と矛盾のないものである．

D. スピン状態秩序の観測

$4f$ 軌道は，d 軌道に比べて空間的な広がりが小さいため，結晶場の影響よりも原子内のクーロン相互作用の影響が大きく，$4f$ 電子系でのスピン状態はほぼ高スピン状態になる．一方，$4d$ 軌道や $5d$ 軌道は，$3d$ 軌道に比べて空間的な広がりが大きいため，隣り合う原子軌道との重なりが大きく，配位子場が大きくなり，低スピン状態をとりやすい．$3d$ 電子系は，ちょうどこれらの中間に位置しているため，高スピンと低スピンの両方を取り得る．しかし，1.2.1 項で述べたような中間スピン状態が安定に存在するかどうかは明らかではない．ペロブスカイト型コバルト酸化物 $LaCoO_3$ の基底状態は，低スピン状態 (t_{2g}^6, S=0) であり，低温で非磁性となる．しかし温度を上昇させると，徐々に磁気モーメントが観測され常磁性状態となる．このスピン状態は，中間スピン状態なのか，あるいは高スピン状態なのかについて長らくの論争が続いている．以下に紹介するコバルト酸化物 $Sr_3YCo_4O_{10.5}$ では，中間スピン状態と高スピン状態が空間的に整列していることが，共鳴 X 線散乱により明らかになった[20]．

コバルト酸化物 $Sr_3YCo_4O_{10.5}$ の特徴は，低温で長周期構造 ($4\sqrt{2}a_0 \times 2\sqrt{2}a_0 \times 4a_0$: a_0 はペロブスカイトの基本ユニット長) をとり，Co イオンあたり $0.25\ \mu_B$ という大きな自発磁化を生じる点である．この系は低温で絶縁体になる．この低温で生じる強磁性成分が，コバルトのどのようなスピン状態から現れたのかについて明らかにする目的で，Co の K 吸収端を利用した共鳴 X 線散乱実験を利用して研究が行われた．図 1.15(a)-(d) は，吸収端近傍における，いくつかの反射強度のエネルギー依存性を示している．(800), (600), (140) 反射においては，反射強度は通常の吸収端での変化を示し，反射 X 線の偏光状態の変化もないのに対し，(500) 反射においては，$1s- > 4p$ の遷移エネルギーで，鋭い共鳴が観測され，同時に $1s- > 3d\, t_{2g}$, e_g への遷移エネルギーでも共鳴ピークが観測された（図 1.15 (e)）．また，偏光状態も入射 X 線の σ から変化して，反射 X 線は π の偏光をもっていることが，反射 X 線の偏光解析より明らかになった．図 1.16 に示されるように，これらの共鳴ピークは典型的なアジマス角依存性をもち，この系において軌道秩序が存在することが強く示唆され

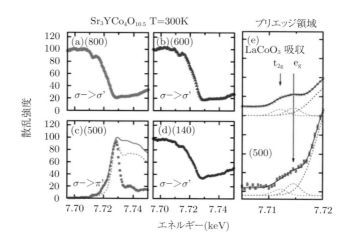

図 1.15　$Sr_3YCo_4O_{10.5}$ におけるコバルトの K 吸収端での共鳴 X 線回折 (a) から (d) はそれぞれ，(800)，(600)，(500)，(140) 反射強度のエネルギー依存性．(e)(500) 反射のプリエッジ ($1s->3d\ t_{2g},e_g$) 近傍での反射強度．上図には $LaCoO_3$ の吸収曲線が示されている[20]．

た．一連の共鳴ピーク（(h00): h は奇数）の観測および，その共鳴 X 線散乱強度の波数依存性から，図 1.17 に示されるようなコバルトイオンのスピン状態と軌道秩序状態のモデルが提案された．図中の長周期構造における [A], [C] の領域は，中間スピン状態で e_g 軌道が秩序している．このパターンは，$LaMnO_3$ の ab 面内で観測された軌道秩序状態（図 1.3 (c)）と同じであり，この領域では反強軌道秩序，強スピン秩序が安定になる．一方，[B], [D] においては，高スピン状態が安定となり，隣接する中間スピン状態のスピンとは逆方向を向いている．このスピン間相互作用は，仮定されたスピン状態から自然に理解できるものであり，トータルの磁気モーメントの大きさも磁化測定結果とぴったりと合っている．このように，図 1.17 の電子自由度秩序モデルは，多くの実験結果をうまく説明できる．すなわち，本系ではスピン状態の空間秩序と，その中間スピン状態における軌道秩序が同時に生じることにより，フェリ磁性を生じたのだと考えられる．

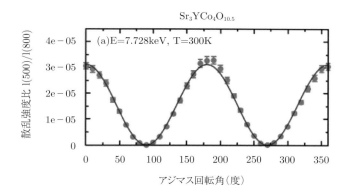

図 1.16 $Sr_3YCo_4O_{10.5}$ 共鳴エネルギーでの (500) 反射のアジマス角依存性[20].

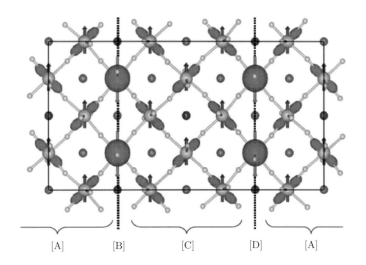

図 1.17 $Sr_3YCo_4O_{10.5}$ における CoO_6 層のスピン状態秩序とスピン・軌道秩序[20].

1.4 構造物性研究の展望

　本章では，構造物性研究とは何かということについて，電子自由度秩序の観測という観点から述べてきた．物質のもつ性質や機能の起源を，その物質構造に基づき明らかにしていこうという構造物性研究は，知識探求型の研究に留まらず，持続可能な社会形成に必要な科学技術の基礎基盤となる研究でもある．新しい構造物性研究の発展のためには，新しい科学を内在した新物質の開拓と，その物質構造を調べるための新しい実験手法の開発が，車の両輪のように共に必要である．この節では，放射光・中性子・ミュオン・陽電子といった量子ビームの新しい測定技術の開発に関連して，今後の構造物性研究の展望を，「局所」と「非平衡」という2つの観点から簡潔に述べる．

A. 局所構造物性

　これまでの構造物性研究の多くは，試料全体が均一であることを仮定して，その平均構造を調べるという方法をとってきた．しかし現実の系においては，様々なところで不均一性が顔を出す．例えば，物質中のキャリア濃度をコントロールするために，価数の違う元素をある比率で混ぜ合わせることがよく行われるが，それらの元素の分布が，系に不均一性をもたらす場合がある．そして，その不均一性が系の物性に大きな影響を及ぼす場合も稀なことではない．また，構造に階層性をもつような系では，観測する領域の大きさに応じて全く違った構造が観測される．このような系では，各階層の構造をそれぞれ決定する必要がある．一方，いかに均一な系であっても，現実の系は有限であるため，必ず表面あるいは界面が存在する．表面や界面では，バルクで保たれていた対称性が必然的に破れるために，バルクの物性とは異なった物性を示すことの方が普通である．このように現実の系は，完全に均一であることは決してない．しかも，触媒・電池・磁石などの実用材料の研究において見られるように，不均一であることが系の物性にとって本質的に重要である場合も少なくない．例えば，実際に利用されている磁石材料の抗磁力を決定しているのは，主相である結晶粒の間に存在しているわずかな量の異種化合物（副相）の磁気的性質である．このような構造物性を研究するためには，副相だけに量子ビームを絞り込み，その構造と磁性状態を明らかにする必要がある．別の例では，2種類の化合物を

数原子層ごとに交互に積層させて作られる薄膜試料は，電子材料などへの応用として重要な物質系である．このような超格子構造をもつ系では，異なる化合物が接する界面において，それぞれのバルク化合物とは全く違った物性の発現が観測される．この界面における物性発現機構を探るためには，深さ方向に分解した構造と電子状態の測定を行うが必要がある．

このような「局所」を観測するための1つの方法は，量子ビームをできるだけ小さい領域まで絞り込むことである．放射光の集光技術の進歩はめざましく，現在では高精度ミラーを利用して，数十 nm まで集光することができるようになった．また，深さ分解の実験手法も発達しており，原子層単位での構造や電子状態を議論できるところまできている．一方，レーザー技術を駆使して作り出した超低速ミュオンを利用することにより，物質表面から深さ方向に nm の分解能でミュオンの停止位置をコントロールすることにより，近い将来，3次元的な局所磁気状態を調べることができるようになるだろう．また特筆すべきは，陽電子を利用した表面構造解析の進歩である．正の電荷をもつ電子の反粒子である陽電子は，その電気的性質から結晶内部に入りにくく，ある臨界角以下の浅い角度で物質に入射すると，その物質表面の原子第1層で全反射される．この全反射高速陽電子回折法を用いることにより，表面1層の構造を非常に精密に決定することができるようになってきた．

このような放射光・超低速ミュオン・陽電子などの利用により，将来は nm オーダーの局所構造や局所電子構造を調べることができるようになるだろう．不均一な構造をありのままの姿で観測することは，これまで我々が見逃してきたナノ領域での電子の振舞いを観測することになり，多くの新しい発見が期待できる．

B. 非平衡構造物性

これまでの構造物性研究では，多くの場合，対象とする系は平衡状態にあると仮定し，時間的な変化のない安定した状態にあるものを研究対象としてきた．しかしながら，現実の系では未来永劫変化しないものなど存在しない．有限サイズの系の測定から，無限サイズの系の振舞いを外挿したように，ここでも有限時間の測定から，無限時間における系の状態を推測してきた．有限サイズであることにより初めて現れる現象があるように，有限時間でのみ現れるおもしろ

い現象はたくさんある．温度や圧力などを急に変化させることにより，系を平衡状態から少しだけずらして，平衡状態へ戻っていく様を観測することは，系の外場に対する応答関数を測定するための常套手段である．一方，光誘起相転移などに代表されるように，eV オーダーの光の照射により，系を一気に平衡状態から大きくかけ離れた状態（非平衡状態）までもっていき，そこから平衡状態に戻るまでの振舞いを観測する場合もある．このとき，平衡状態では決して現れない新たな相にたどり着くことができるかもしれない．その相が準安定であるならば，じっくりとその相を観測することもできるだろう．非平衡状態において現れる相は，新機能創成の観点から大きな可能性をもっており，平衡状態における構造物性研究とは，次元の違った研究が展開される可能性が高い．

そのとき，空間分解能とともに重要な要素は，時間分解能である．放射光のパルス性という特徴を活かせば，系の時間発展を研究することができる．レーザー光などにより系を励起（ポンプ）して，その状態変化を放射光で検出（プローブ）する，いわゆる，ポンプ・プローブ実験が，近年特に盛んに行われるようになってきた．例えば，リング型放射光源を利用すると，そのパルス幅（数十 psec）の分解能で時間変化を追うことが原理的に可能である．また X 線自由レーザー (XFEL) を利用すると，さらに数十 fsec までの時間で現象を追うことが可能となってきた．こうなると，電子が固体中を動くスピードに近づくことができるので，電子の動きをムービーとして観測することができるようになるだろう．今まさに，原子レベルで電子の動きを捉えることができるようになりつつある．より小さい領域をより早く観測する技術の追求は，量子ビームを作り出す加速器科学の目標であり続けるだろう．このような技術の発展は，局所的な電子自由度秩序の時間変化を観測できることになり，人工光合成や触媒機能の解明に一段と拍車がかかることになるだろう．このように量子ビームを利用した非平衡構造物性研究は，大きな可能性を秘めたフロンティアである．

参考文献

[1] P. W. Anderson: Science **4**, 393 (1972).
[2] KEK 物理学シリーズ第 5 巻第 2 章を参照
[3] Charles Kittel: *Introduction to Solid State Physics* (Wiley). Neil W. Ashcroft and N. David Mermin: *Solid State Physics* (Thomson Learning).
[4] 量子ビームの利用法に関しては本シリーズ第 6 巻を参照
[5] Luuk J. P. Ament, et al.: Rev. Mod. Phys. **83**, 705 (2011).
[6] 菅野暁, 藤森淳, 吉田博/編:『新しい放射光の科学』(講談社サイエンディフィク) 第 5 章.
[7] 上村洸, 菅野暁, 田辺行人:『配位子場理論とその応用』(裳華房).
[8] Y. Murakami et al.: Phys. Rev. Lett. **81**, 582 (1998).
[9] 藤井保彦/編:実験物理学講座 5『構造解析』(丸善) 第 5 章.
[10] Y. Tokura and N. Nagaosa: Science **288**, 462 (2000).
[11] M. Blume: J. Appl. Phys. **57**, 3615 (1985).
[12] Leonard I. Schiff: *Quantum Mechanics*, Chapter 11, 13, 14 (1955).
[13] M. Blume: *Resonant Anomalous X-Ray Scattering, Theory and Applications*, G. Materlik, C. J. Sparks and K. Fischer (Eds.) Elsevier Science, 495 (1994).
[14] J. P. Hannon, G. T. Trammell, M. Blume, and Doon Gibbs: Phys. Rev. Lett. **61**, 1245 (1988).
[15] Y. Murakami, et al.: Phys. Rev. Lett. **80**, 1932 (1998).
[16] G. van der Laan et al.: Phys. Rev. B **34**, 6529 (1986).
[17] S. B. Wilkins et al.: Phys. Rev. Lett. **90**, 187201 (2003).
[18] V. E. Dmitrienko: *Acta. Crysta* A **39**, 29 (1983).
[19] H. Nakao et al.: Phys. Rev. B **66**, 184419 (2002).
[20] H. Nakao et al.: J. Phys. Soc. Jpn. **80**, 023711 (2011).

第2章
超伝導と磁性の共存と競合

2.1 伝導と磁性の相関研究

　伝導と磁性の共存と競合は物性物理学の中心課題の1つで，長い歴史と膨大な研究がある．この章では，金属磁性体や，磁性が関与すると考えられている超伝導体の磁気励起研究を中心に紹介し，伝導と磁性の共存と競合は，今も興味深い研究対象であり，問題解決には量子ビームによる研究，特に複数のビームの協奏的利用が重要であることを強調した．2.1節では，伝導と磁性の相関研究が何故難しいのか，2.2節では，量子ビームを用いてどのように研究ができるのか，2.3節ではFeやCr，あるいはそれらの合金系など典型的な磁性金属について研究の現状を，2.4節では磁性が関与すると考えられている超伝導体の研究の一部を紹介し，何が残された問題なのかを考える．この章では，各量子ビームにより得られる情報と，互いの関係についても説明する．2.5節では量子ビームによる研究の将来展望を予想し，最後に2.6節にまとめを記す．この章で取り上げる研究結果は，現時点におけるもので，研究の進展で，内容や解釈が将来変わる可能性がある．その意味で確立された事実をもとにする通常の教科書とは異なることを前提に読んでもらいたい．

2.1.1 研究の難しさ（実空間と逆格子空間像）

　電気伝導については第5巻[1]にも示されているように，1電子近似としてのバンド理論がその基礎を作った．これにより，絶縁体，金属そして半導体という異なる電気伝導があり，それらは，バンドギャップ（その枠組みは物質の結晶構造が形成する）の有無や大小により区別されることがわかった．では金属は

何故強磁性や反強磁性などの磁性を示すのか？　絶縁体に対する説明として，最もよく知られているのが，不対電子による磁性である．ある原子に局在する軌道を占める電子がペアでいると，上向きと下向きの電子スピンや軌道磁気モーメントが打ち消し合って，全体として磁気モーメントは発生しないが，不対電子があれば原子の位置に局在する磁気モーメントが発生する．物質中では，この磁気モーメントが互いの相互作用によって，強磁性や反強磁性配列をとる．

　では金属ではどうだろうか？　何故磁気モーメントが発生し，強磁性や反強磁性体があるのだろうか？　金属ではバンド構造でその動きを記述する電子がある．常磁性や常磁性状態ではこのバンドは上向きと下向きスピン数が同じで，全体としては釣り合っている．つまり上向きスピンバンドと下向きスピンバンドに存在する電子数は釣り合っている．金属強磁性の場合など，この状態に何らかの相互作用を入れて，2つのバンドをずらし，電子数にアンバランスを作れば，それで磁性が出てくるという説明がある．しかしこれで金属磁性の起源を理解したことになるだろうか？　ある意味これは結果論である．強磁性状態ではバンドはこのようになっているということしか説明していない．何故このような状態が安定化されるのか？　つまり電子数が同じ状態からどのように，不釣り合いな状態へと変わるのかを説明する必要がある．これは言い換えれば，金属状態でどのようにして"不対電子"を作るか？　ということである．それには電子にスピン状態の異なるバンド間を遷移させればいい．ただしその際に，そのまま遷移させることはできない．上向きスピンが下向きスピンバンドに遷移するには，スピン反転が起こる必要がある．つまり上向きスピンが1つ減り，その代わり下向きスピンが1つ増える．これが金属での"不対電子"である．

　金属磁性の励起状態はいかに直感的理解が難しいか，以前こんなやりとりが筆者の研究室であった．金属強磁性体のストーナー励起に関するものである（詳しくは 2.3.1 項 (a) を参照）．金属強磁性体状態では，上向きスピンバンド (USB) と下向きスピンバンド (DSB) の電子数に偏りがあり磁化が発生している．中性子磁気非弾性散乱では，中性子のスピンによって，例えば上向きスピンが反転して下向きスピンとなるスピン反転により，強磁性体の励起状態が生じる（磁化が減少する）．すなわち上向きスピンバンド内（占有状態）から下向きスピンバンドのフェルミ面の上への電子の遷移が起こる．このような電子遷移が許

される領域として，図 2.7(b) のようなストーナー励起の連続帯 (continuum) が形成される．このような説明は，磁性の教科書[A]にも明瞭に書かれているが，その低エネルギー側に現れる，分散をもつスピン波励起はこのバンドの図を使って説明できるのかという議論になり，結局は簡単には（もしくは直感的には）説明困難という結論に至った．これを説明するには，また別の図，例えば実空間でのスピン配列の図を用いるなどして説明しなければならない．ここに金属磁性研究の難しさの原点があると思っている．実は遍歴電子モデルでも，低エネルギー磁気励起（スピン波励起に相当する）は記述できる．しかし論文に出てくる複雑な計算から低エネルギー磁気励起を直感的にイメージできる人は少ないのではないだろうか？　金属磁性がいまだに難しい（直感的に理解することも含めて）のは，局在磁性と遍歴磁性のスタートポイントが，実空間と逆格子空間という両極端にあるためだろう．特に最近問題となっている，銅酸化物超伝導体や鉄系超伝導体などでは，超伝導を理解するうえで重要な磁性が，局在と遍歴の狭間にあるとか，局在と遍歴の二面性を帯びているということが実験的にも指摘されている．このような状況を直感的に理解する難しさが，金属磁性，そして超伝導と磁性の相関研究の難しさの原点になっていると言える．

2.1.2　研究の難しさ（対象の多面性）

　伝導と磁性の相関研究の難しさのもう 1 つの理由は，研究手段の"単面性"と，上記に述べたような研究対象の多面性，あるいは階層性にある．測定法の未熟さが，伝導と磁性の相関を理解するうえで障害となっていた時代はある．装置の分解能が足りないとか，信号強度が弱く S/N 比が低いために決定的なことが言えないとか様々な制約があった．しかし現代では多くの測定法はめざましい発展をとげ，この種の制約はかなり緩和されてきた．今の課題は，むしろ単面的な研究手法を利用して，いかに多面的，階層的研究対象を理解するかということである．典型的な例は，新奇な超伝導体を含む強相関電子系と呼ばれる系での物性の多面性である．このような物質の相図には，温度や圧力，磁場，電場などにより，多くの相が現れる．さらに測定手段ごとに物質の"顔"が異なって見える．つまり研究手段の特性が異なると，それに応じて観測される結果が

異なってくる．例えば，物質中の磁気モーメントの方向や大きさが時間的に揺らいでいる場合，その動きを止めて見る手段では磁気モーメントの大きさを観測できるが，遅い測定手段では，時間で平均化した磁気モーメントしか観測にかからない．このような，異なる結果を総合的に理解するためには，特性が異なる分光手段の特徴を活かした協奏的利用や，その結果を全体的に統合する理論的考察が重要となる．しかし理論とて万能ではない．10^{23}個程度という，宇宙の星の数にも匹敵する数の電子や原子核が凝集している系の熱平衡状態を正確に記述する具体的手段をもたない．計算機の発達はめざましいが，しょせん近似を行わざるをえない．その近似の仕方の違いなどで，やはり現象が異なって見えてくる．遍歴と局在などの二面性や，多面性をもつ対象の研究は，どこからこの対象を研究するかという"自由度"の存在を意味している．例えば，あとで述べる銅酸化物超伝導体では，出発点としての基底状態をどこにとるかで，理論モデルが大きく異なってくる．この章では主として実験の立場から，この課題を議論する．

2.2 量子ビームを用いた物性分光法

本シリーズ第6巻の「量子ビーム物質科学」[2]に，放射光や中性子など主な量子ビームのプローブによってどんな情報が得られるかについて基礎的記述がある．しかしこの章で取り上げる伝導と磁性の相関を議論するには，第6巻で扱われていない測定法を補足し，より一般的に分光法を説明する必要がある．何故なら，2.1節でも述べたように，多面的な性質をもつ物質の理解には，異なる手段による相補的研究（知りたい情報や目的に応じて最適な手段を適材適所に利用し，物質の全体像を理解するという意味で協奏的利用と言ってもよい）が重要で，そのためには各手段の特徴とともに，互いの関係を理解することが大事である．つまり，各分光法が，どんな情報を得ているのかとともに，それらの情報は，互いにどのように関係づけられるのかを知る．

ここでは，従来，個々に説明が行われてきた，量子ビームによる分光法を，もう少し一般的な立場から互いの関係を含めて理解することを試みよう．その前に，まず物性を研究する場合の分光法（ここでは「物性分光法」と呼ぶ）を「物

質の性質をミクロな観点から研究する手法の 1 つであり，物質が示す様々な機能性発現に関与する電荷，スピン，格子あるいは軌道の空間・時間的な揺らぎの成分ごとの検出や，さらには電子バンド構造を決定する方法」と，ここでは定義する．そうした場合，物性分光法には大きくざっくり分けて 2 種類がある[1]．

1 つは，物質中の電荷やスピン，あるいは原子核などの「二体相関」を観測する方法である．もう 1 つは，電子などの「1 粒子励起」を観測する方法である．

2.2.1 散乱法による二体相関研究

二体相関についても，すでに既刊書や様々な教科書で説明されている．異なる電子，スピン，あるいは原子の空間と時間についての相関というと難解なイメージだが，実は物質の結晶構造自身が二体相関で説明される．例えば A と B，2 種類の原子で構成される物質の結晶構造は，A 原子と B 原子が空間的にどのような規則で配列（空間相関）しているかということで，結晶構造解析はその規則性を定量的に決めることができる．最も単純には，A と B 原子が隣り合う確率がランダムの場合には，AB 不規則合金，100 ％の確率なら規則合金という結晶構造を取り得る．時間相関では，その典型例である格子振動（フォノン）は，各原子がどのように空間的あるいは時間的なパターン（相関）で振動しているかを示す．

二体相関は一般的には X 線（光）や中性子の非弾性散乱によって情報が得られる．相関の情報は一般的には波によって記述される．つまり空間の情報は逆格子空間，時間の情報は，周波数もしくはエネルギー空間で記述される．第 6 巻の式 (3.36) に，中性子非弾性散乱で観測される物理量として動的構造因子 $S(\boldsymbol{Q}, \omega)$ が書かれている．この表式は一般的なもので，X 線散乱についても同様である．非弾性散乱実験は，試料に X 線や中性子などの量子ビームを入射し，散乱後の，エネルギーや運動量を分光して X 線や中性子を検出する．つまり，散乱によるエネルギー (E_i, E_f) や運動量 $(\boldsymbol{k}_i, \boldsymbol{k}_f)$ の変化から，系に与えたエ

---

[1] 筆者はこのようなことを議論している教科書を知らない．またこの考えが一般的に受け入れられるかどうかも定かでない．厳密に考えると何か不十分な点があるかも知れないのでそれを前提に読んで欲しい．

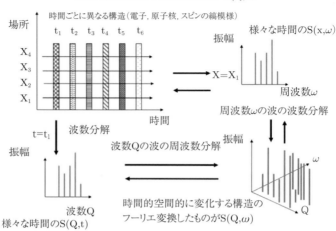

図 2.1 散乱実験から見える二体相関としての動的構造因子 $S(\boldsymbol{Q}, \omega)$ の概念的説明．構造の揺らぎの周波数や波数についてフーリエ変換することで，実空間，実時間で揺らぐ構造の情報に変換できる．

ネルギー (ω) や運動量 ($\boldsymbol{Q}$) を知り，電子，スピン，格子などの二体相関，すなわち電荷やスピン，あるいは格子の集団運動（空間・時間で相関をもつので集団運動と見なせる）などの情報を得る．中性子の場合には物質中の原子核（核散乱）やスピン（磁気散乱）との相互作用を通して，これらの二体相関についての情報を取り出す．一方 X 線非弾性散乱では，物質中の電荷との相互作用で散乱されるので，電荷の二体相関に関する情報が得られる．

ここでは動的構造因子 $S(\boldsymbol{Q}, \omega)$ の意味を図 2.1 のように，原子，電子あるいはスピン配列が時間変化する場合をイメージして感覚的に説明する．まず，左上のように，時間ごとに変化する構造パターンを考えよう．このような構造の時間変化を定量的に捉えるのに 2 通りの方法が考えられる．1 つは，ある時間（二体相関の定義からすれば，ある原点の時刻との差，例えば $t = t_1$）の瞬間構造を捉えて，その構造にどのような空間周期があるか，構造パターンをフーリ

エ変換する．結果を空間周期の逆数，すなわち波数ベクトル Q を横軸にとって振幅の分布を表す $(S(Q,t_1))$．このフーリエ変換を，様々な時間に対して行うことで，$S(Q,t)$ が得られる．もう一つは，ある場所（二体相関の定義からすれば，ある原点からの距離，例えば $X = X_1$）に固定して，その場所での原子などの振動の時間変化を調べ，どのような時間周期をもつかを調べる．この結果を，フーリエ変換し，$S(X_1,\omega)$ が得られる．このフーリエ変換を，様々な X に対して行うことで，$S(X,\omega)$ が得られる．さらに $S(Q,t)$ と $S(X,\omega)$ をそれぞれ，Q と ω を固定した時間周期成分と，空間周期成分にフーリエ分解すると，右下のように $S(Q,\omega)$ が得られる．このように時間と空間で変化する構造（パターン）は，フーリエ変換によって $S(Q,\omega)$ という量子ビームの散乱実験によって得られる物理量と結びついている．さらに大事なことは，電子やスピンについての $S(Q,\omega)$ は，電場や磁場などに対する応答（誘電率や磁化率）と結びついている点である．この点はあとで，光電子分光などの 1 電子励起の情報と関連付けて述べる．

物質中の素励起（フォノンやスピン波）と同程度のエネルギー (ω) や運動量 (Q) 変化を見ることができる X 線非弾性散乱や中性子非弾性散乱は，電子や原子核あるいはスピンに関する励起（時間的揺らぎ）を二体相関として観測する．

X 線非弾性散乱で二体相関を調べる手法には大きく分けて 2 種類ある．非共鳴型 (NRIXS: Non-Resonant X-ray Inelastic Scattering) と共鳴型 (RIXS: Resonant X-ray Inelastic Scattering)[3] で，いずれも photon-in-out の過程でのエネルギーと運動量変化を測定する．前者は，中性子の非弾性散乱と同様に，物質（電荷）との相互作用により非弾性散乱を受けた散乱 X 線を分光して検出する．RIXS では，特定の原子の吸収端近傍のエネルギーを用いて，その原子が関与する電荷励起の二体相関を検出する（元素選択性）．図 2.2 のように，散乱過程の違いにより，直接型 (direct) と間接型 (indirect) がある．

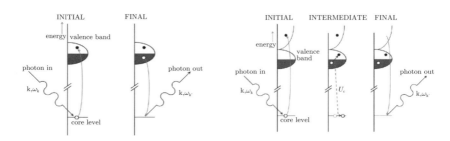

図 2.2 共鳴型 X 線非弾性散乱 (RIXS) の 2 つの散乱過程[3]．直接型（左）と間接型（右）．特定の原子の内殻レベル (core level) の電子を共鳴的に光子で励起し，前者では直接，後者では中間 (intermediate) 状態を介して価電子帯 (valence band) に励起状態を形成する．入射と散乱光子の運動量とエネルギー変化から，励起状態の情報を得る．

2.2.2　光電子分光法による 1 電子励起研究

1 電子励起を調べるのに光電子分光が使われる．第 6 巻で説明がないので，ここで簡単に紹介するが詳しくは教科書などを勉強して欲しい[B]．図 2.3 のように光電子分光実験では，試料に X 線，あるいはレーザー光などの光子を入射し，光電子効果で飛び出てくる電子の運動エネルギーを分光する（量子ビームの吸収放出過程は「Photon-in Electron-out」である．特に単結晶を用いて光電子の運動量も分析するのが，角度分解光電子分光 (Angle Resolved Photo Emission) で ARPES と呼ばれる（図 2.4）．ARPES により，物質中の電子の運動量とエネルギーの情報を得る．つまり物質中の電子構造について（正確に言えば物質中における電子の占有状態）の情報を得る．
ARPES の信号強度は以下のように表せる．

$$I(\boldsymbol{k},\omega) = I_0(\boldsymbol{k},v,A)f(\omega)A(\boldsymbol{k},\omega) \tag{2.1}$$

ここで，I_0 は入射の光エネルギーに依存する行列要素，$f(\omega)$ はフェルミ関数であり，ARPES は占有状態を測定することを表している．実験的には $A(\boldsymbol{k},\omega)$ は，エネルギー ω，運動量 $\boldsymbol{k}$ の電子またはホール 1 個を多電子系に励起するときの遷移確率に相当している．$A(\boldsymbol{k},\omega)$ は 1 粒子スペクトル関数と呼ばれ，理

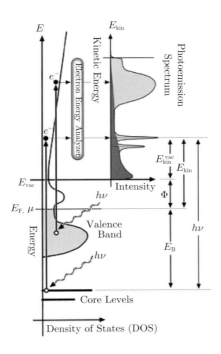

図 2.3 光電子励起過程と，光電子分光実験から得られる光電子スペクトル (Photoemission Spectrum) との関係[4]．放射光やレーザー光による内殻電子準位 (Core Levels) と価電子帯 (Valence Band) からの励起があり，電子の占有状態についての情報が得られる．励起された電子は光子エネルギー ($h\nu$) と結合エネルギー (E_B) の差を運動エネルギー (E_{kin}) として試料から飛び出し，アナライザー (Electron Energy Analyzer) でエネルギー分析される．E_{kin} は試料のフェルミ準位（E_F）あるいは化学ポテンシャル (μ) に位置する電子が，試料の表面ポテンシャルの影響を受けなくなる真空エネルギー (E_{vac}) まで励起するのに必要な仕事関数 (ϕ) を含んでいる．

論的には物質中の 1 個の電子の運動状態を表し，以下のように書ける．

$$A(\boldsymbol{k},\omega) = -\frac{1}{\pi} \frac{\sum''(\boldsymbol{k},\omega)}{\left[\omega - \varepsilon_{\boldsymbol{k}} - \sum'(\boldsymbol{k},\omega)\right]^2 + \left[\sum''(\boldsymbol{k},\omega)\right]^2} \tag{2.2}$$

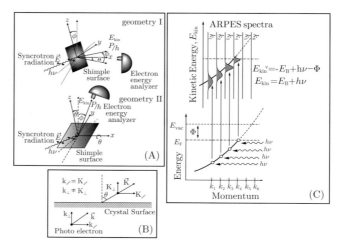

図 2.4 角度分解光電子分光の測定配置図[5]．(A) 電場ベクトルが試料と垂直 (geometry I) と水平の場合 (geometry II)．(A) のように，光電子の放出角度を決めて測定すると，光電子の運動量についての情報も得られ，そこからバンド構造の運動量とエネルギーの関係（分散関係）を求めることができる．光電子は，真空に飛び出す前に結晶の表面を通過し，その際「運動量の結晶表面に平行な成分は結晶内外で保存される」という性質がある．このため光電子は，結晶中での運動量についての情報を持ったまま真空結晶から飛び出してくる (B)．また，光の運動量は電子に比べて十分小さいので，基本的には光電子の運動量は，元々電子が持っていた運動量に近似できる．また表面に平行な運動量成分は，放出角度を測定することで決定できる．すなわち，(A) でアナライザーの角度を連続的に変えて光電子測定を行えば，電子のエネルギーと運動量（波数）の関係（運動量が k_1 から k_6 に対応した E_F 以下のバンド分散 (C)）を実験的に決定することができる．

ここで ε_k は電子の"裸のバンド"分散を表し，Σ は自己エネルギーで（Σ' と Σ'' はそれぞれ実部と虚部成分），他の電子や結晶格子との間の複雑な相互作用の効果をすべて含んでいる．この表式はランダウのフェルミ液体論に立脚している．フェルミ液体論では，物質の一部である電子，特にフェルミレベル近傍の電子は，相互作用によって再構成された分散関係に従い，おおむね独立した"準粒子"として振る舞っていると理解することができる．電子同士がどのように相互作用するかの違いが，その固体を金属や絶縁体，あるいは磁性体や超伝導

体という違いの起源となる．光電子分光のエネルギー分解能が近年飛躍的に向上し，熱エネルギー程度（~meV）の分解能で測定が可能になったことで，光電子スペクトルと上記の物性と関連付けて検討することが可能となったが，$A(\mathbf{k}, \omega)$ から直接には，電子が物質の中でどのように熱や電流やエントロピー，エネルギーを伝達するかの情報は得られず，そのためには中性子やX線，光散乱などで，電子やスピンの二体相関関数を求める必要がある．

2.2.3 異なるプローブ間の相補性

前項では1電子励起や電荷やスピンなどの二体相関の情報を得る手段について述べたが，これらとは別のプローブとして，μSR（ミュオンスピン回転）とNMR（核磁気共鳴）について簡単に触れ（詳細は本シリーズ第6巻[2]を参照），これらの異なるプローブ間の相補性をここでまとめておく．物質に打ち込まれたミュオンは物質中のある位置に捕獲される．そしてその位置での局所磁場の大きさや方向，大きさの空間分布状態，あるいは時間的揺らぎの情報を取り出せる．その点から，ミュオン分光は実空間での磁場の分布状態をミュオンのもつ特性時間との関係において検出する方法と言える．第6巻の図4.3はその特性時間を表している．NMRもμSRと似ているが，この場合には利用するスピンは外から打ち込むのでなく，物質中の原子核がもつ核スピンを利用する．外から適当な電磁波をかけ，周りの磁場による核スピンの歳差運動を制御することで情報を得ている．そのため適当な核スピンが利用できる場合には，元素選択性があるし，ミュオン分光のように，物質中でのミュオンの位置を決めるという問題がない点では有利な手段である．一方でミュオンは無磁場下での測定が可能という特徴があり，どのような磁場に対しても感受性をもつ．両者とも，物質中の電子系でのスピンの揺らぎを観測しているという点で，スピンの二体相関の情報を検知するが，エネルギーや運動量の分光をしない．正確には，これらの手法では，手法の特徴的な周波数領域，あるいは波数領域があり，測定している対象が，その領域の中にあるか，それより外れているかの区別をしていることになる．

第6巻の図4.3に描かれている，各手法の揺らぎを感じる周波数（時間）領

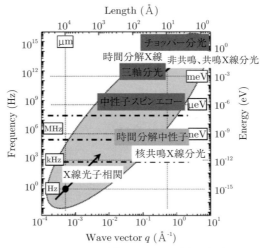

図 2.5 放射光と中性子による様々な分光法がカバーする，物質中の電荷や原子核あるいはスピンの揺らぎが示す，波数の大きさ（あるいは長さのスケール）と運動のエネルギー（あるいは特徴的周波数）領域（図中の楕円領域におおよそ相当）．日本原子力研究開発機構・大和田謙二氏が作成した図を一部修正．

域は，最近の分光法の発達によって大きく拡大している．すなわち，各手法の重なる領域が広がっている．例えば，中性子非弾性散乱では，スピンエコー法を用いると，10 neV(10^{-7} sec.) 領域までに広がっている．またパルス中性子源を用いると，1 eV 領域 (10^{-15} sec.) の情報が得られる場合もある（図 2.5）．

X 線，中性子，あるいは電子線分光法の大きな特徴は，逆格子空間や周波数空間の情報を選択して得られる点である．第 6 巻の図 4.3 に描かれている，物質中の電子スピンの揺らぎの相関時間測定において様々な測定手段が感度をもつ領域内で，放射光や中性子は，さらにエネルギーや運動量の分光ができるという特徴をもつ．

ここで以下のような単純な疑問が起こるかも知れない．ミュオンも中性子も，

物質中の静磁場（無限大の時間の揺らぎ）を検知できるのではないか，それなのに何故有限の時間の揺らぎしか見えないことになっているのか？　もっともな疑問だが，実はゆっくり時間変化するかどうかを調べるのは大変難しい．磁場の大きさや方向が長い時間定数で揺らいでいて，測定ではその時間変化の平均を見ているだけなのか，それとも本当に一定の値で時間変化しないのかは，その時間揺らぎのスケールに合わせた測定が必要である．つまりエネルギー空間で測定をする中性子やX線非弾性散乱では，高いエネルギー分解能の実験が必要となる．もう1つの方法は，このようにゆっくりした変化ではエネルギー空間の情報でなく，実時間の変化を見ることも可能となる．現実的にはゆっくりだといっても 10^{-4} sec あるいはそれ以下の話なので，散乱法としては超高速の測定が必要である．最近の分光法の進歩は，この両面からのアプローチが可能になりつつある．

　1電子励起，二体相関測定法，および位相（運動量・エネルギー）空間測定法，実空間測定法で分類すると，各測定法がどのように位置付けられるか分類ができる（次の表はKEK物質構造科学研究所で利用可能な量子ビームについてまとめる）．表には，各手法で得られる物質の情報（電子相関，原子核相関，スピン相関）も含める．最近は，ARPESで得られた1電子励起スペクトルを二体相関へ変換 (Auto correlation) し，X線や中性子で得られる電荷やスピン励起の二体相関との比較研究が行われている（2.5.1項で説明）．

	相互作用 （情報）	測定	分散関係	施設
X線	電子	散乱，分光，イメージング	$E=ch/\lambda$	研究室線源，大型施設
中性子	原子核，スピン	散乱，分光，イメージング	$E=(h^2/2m)/\lambda^2$	大型施設，中規模施設
陽電子	電子	回折	$E=(h^2/2m)/\lambda^2$	研究室線源，大型施設
ミュオン	内部磁場	滞在型		大型施設

2.3 典型的な金属磁性体の磁気励起

固体物理学としての背景

　何故，金属である鉄の強磁性を理解するのは難しいのか？固体物理学の難問の1つである．最も単純には電流を担う遍歴電子だけで強磁性を説明することである．これから説明するストーナーモデルはこのような立場から金属の強磁性発生を説明する1つのモデルであるが，磁化や帯磁率の温度変化を定量的には説明できていない．一方，ハイゼンベルグモデルは局在スピン間の交換相互作用 J を使って絶縁体の磁性をよく説明するものの，遍歴電子系の磁性，特に磁気励起をすべて記述するには困難がある．現実の鉄の磁性は，おそらくその中間にあり，観測する物理量・測定手法によって局在スピンあるいは遍歴電子スピンの特性が見えたり，見えなかったりするのかもしれない．鉄の金属強磁性が固体物理学の難問であるのは，スピンをもつ電子の遍歴性と局在性の競合を記述するのが難しいためである．

何故，磁気励起を調べるのか？　磁気励起とはそもそも何なのか？

　磁性体における磁化の大きさ（帯磁率），スピンの配列（磁気構造），キュリー温度・ネール温度といった物理量は，どのような磁性体なのかを判断する基本的な指標ではあるが，それらは空間的に一様で時間的に変動しない磁性体のある一面に過ぎない．それら表向きのマクロな物理量を左右するのは，磁性体内のミクロな電子スピン同士がどれだけ強く連結し，互いどれだけ影響を及ぼし合っているかにかかっている．局在スピン系で言えば，磁気的な秩序状態（基底状態）を左右する交換相互作用 J を決定すればよい．そのためには，スピン系にエネルギーを加え，基底状態を「解きほぐした状態」，すなわち励起状態を調べることで J の情報を得ることができる．基底状態を励起状態にするために，量子ビームのエネルギーを系に与えたり，温度を変化させたりする．

　ここで，2.2.1項で紹介した二体相関をスピン系にあてはめてみる．（原点 $\boldsymbol{O}$，時刻 0）のスピンと（位置 $\boldsymbol{r}$, 時刻 t）にあるスピンとの二体相関関数，あるいは，その空間・時間に関するフーリエ変換をとった $S(\boldsymbol{q}, \omega)$ は動的構造因子と呼ばれ，波として結晶中を伝播するスピンの揺らぎを記述する．磁気励起からわ

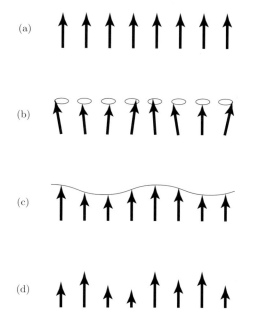

図 2.6 様々な磁気励起の概念図（強磁性体のスピン配列の瞬間写真を実空間で見た図）．(a) 強磁性基底状態，(b) スピンの横揺らぎ（基底状態のスピン方向と垂直方向に揺らぐ），(c) スピンの縦揺らぎ（基底状態のスピン方向に揺らぎ，スピンの大きさが時間変化する），(d) 異なるスピン同士が空間的，時間的な相関をもたず，個々のスピンの大きさが独立に時間変化する場合．

かるのはこの $S(\bm{q},\omega)$ であり，つまりはスピンの二体相関を知ることができる．

それでは，どのような磁気励起が考えられるだろうか．強磁性体を例にとって考えてみよう．図 2.6 に示す概念図は，ある時刻での実空間におけるスピンの様子を瞬間写真として見ている．基底状態 (a) では，大きさ一定のスピンが同じ方向を向いている．この瞬間写真をストロボ的に連写しても，(a) の画像に変化はない．一方，以下の励起状態 (b)〜(d) では，撮影するタイミングによって瞬間写真に写るスピンの様子が刻々と変化する．状態 (b) ではスピンの大きさが一定のまま，基底状態のスピン方向とは垂直方向に少しスピンが倒れている．これはスピンの「横揺らぎ」による励起状態を示す．状態 (c) では基底状

態のスピン方向にスピンの大きさが変化し，その励起状態はスピンの「縦揺らぎ」を表す．(b) と (c) のように，スピン間の揺らぎに相関がある場合は，スピン波のような集団励起の波として理解でき，その波の性質は分散関係に現れる．空間的なスピン相関をもたずに，個々のスピンの大きさが独立に時間変化するような縦揺らぎを (d) に示す．これは個別励起ではあるが，いろんな空間・時間周期の波の重ね合わせとして表現できる点では，二体相関の1つとも言える．

以下では，中性子非弾性散乱実験による磁気励起研究の現状を記す．第6巻でも示されたように中性子磁気非弾性散乱の微分散乱断面積は $S(\boldsymbol{q},\omega)$ に比例することが知られており，中性子非弾性散乱実験から，解析モデル無しでスピン二体相関の情報を直接得ることが可能である．他のプローブによる磁気励起研究に関しては，前項（2.2.3　異なるプローブ間の相補性）を参照のこと．

2.3.1　金属磁性体の磁気励起（理論的背景）

(a) ストーナー励起

遍歴電子系（バンド電子系）を考える．フェルミ粒子である電子はフェルミ統計に従うために，室温程度ではフェルミ面表面の一部の電子のみが物性に効いてくる．簡単な計算でわかるように，その電子間に相互作用を考えない自由電子モデルでは，弱い温度変化を示すパウリ常磁性が現れるだけで，強磁性は出てこない．一方，内部磁場（分子場）を通して電子間に相互作用を取り入れ遍歴電子系に強磁性を与えるのが，ストーナーモデルである．このモデルでは，すべての電子に一様な分子場がかかっていると仮定する．スピンの向きによってゼーマンエネルギーが異なるため，↑スピンバンドと↓スピンバンドはエネルギー的に分裂する．その結果，↑スピンと↓スピンで電子数に差が生じ，それが強磁性自発磁化の源となる．T_C 以上ではバンド分裂が消失することで分子場がゼロとなり，自発磁化が消えて常磁性となる．

ストーナーモデルにおけるバンド電子励起（ストーナー励起）の仕組みを図2.7(a) に示す．フェルミエネルギー ε_F 以下の電子が ε_F を超えて空席のあるバンド上へ遷移する際，エネルギー変化 ω と運動量変化 $\boldsymbol{q}$ を伴う．図2.7(a) ではスピン反転するストーナー励起を示している．$\boldsymbol{q}$ と ω は多くの値を取り得る

2.3 典型的な金属磁性体の磁気励起

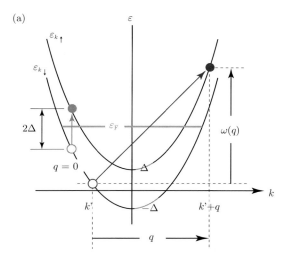

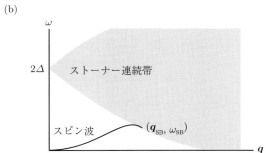

図 2.7 (a) ↓スピンバンド $\varepsilon_{k\downarrow}$ から↑スピンバンド $\varepsilon_{k\uparrow}$ への,スピン反転を伴うストーナー励起. ε_F はフェルミエネルギー. 2Δ はバンド分裂エネルギー. (b) ストーナー連続帯とスピン波分散の模式図.

ことが可能なため,図 2.7(b) のように磁気励起は (q, ω) 空間に広がるストーナー連続帯をもたらす.

図 2.7(a) に示すバンド電子系における磁気励起は,磁化率として次のように書き下せる[A]:

$$\chi_0^{+-}(\bm{q},\omega) = \sum_{\bm{k}} \frac{f(\varepsilon_{\bm{k}} - \Delta) - f(\varepsilon_{\bm{k}+\bm{q}} + \Delta)}{\varepsilon_{\bm{k}+\bm{q}} - \varepsilon_{\bm{k}} + 2\Delta \pm \omega} \tag{2.3}$$

ここで，$f(\varepsilon)$ はフェルミ分布関数．式 (2.3) は，波数 $\bm{k}$ の↓スピンを消して，エネルギー差が ω だけある波数 $\bm{k}+\bm{q}$ の↑スピンを励起する過程がどれだけ存在するかを示す．式 (2.3) はまた，空間周期 $(2\pi/q)$・時間周期 $(2\pi/\omega)$ で変動する振動磁場に応答する動的磁化率とも言える．前述したストーナー連続帯は，χ_0^{+-} が有限の値を取り得る $(\bm{q},\omega)$ 領域に相当し，バンド形状 $\varepsilon_{\bm{k}}$ とフェルミエネルギー ε_{F} で決まり，電子間の相互作用は入ってこない．これからわかるように，ストーナー励起は 1 電子の個別励起である [2]．

2.1.1 項で触れた金属における "不対電子" 生成の仕組みを，ストーナーモデルで考えてみる．↓スピンバンドと↑スピンバンドの電子数が等しい場合と，図 2.7(a) のようにバンド分裂が生じ 2 つのバンドの電子数に不均衡がある場合で，どちらがエネルギー的に安定かを吟味する．量子力学的な交換エネルギーの点では，電子数に不均衡の大きい方が 2 電子を交換する組み合わせ数が多くなり，エネルギー的に得をする．一方，片方のバンドに電子を偏らせると，パウリ排他律のため高エネルギー状態を多数占有せざるを得ず，バンドエネルギー（運動エネルギー）的には損をする．したがって，電子の運動エネルギーの上昇に比べて交換エネルギーの得が大きければ，分子場が自発的に発生しバンド電子系における強磁性，すなわち不対電子が出現する，というシナリオである．絶縁体のような局在スピン系では熱エネルギーによる不安定化はあるものの，基本的には電子間の量子力学的な交換相互作用だけで強磁性が発生し得る．運動エネルギーとのバランスにより強磁性が出たり出なかったりする遍歴電子系を理解するには，この点の複雑さと面白さがある．

(b) スピン密度波

バンド電子系のもう 1 つの特徴は，電荷密度は空間的に均一ながら，↑と↓それぞれのスピン密度に周期的な疎密を作ることで，ある種の磁気秩序状態を形成できる点である．スピン密度波 (spin-density wave, SDW) と呼ばれるこの

---

[2] バンド間遷移による 1 電子励起（電子–ホール対励起）は，バンド電子系の反強磁性体でも起こると考えられ[6]，ここでは反強磁性ストーナー励起と呼ぶ．

状態では磁気モーメントの大きさが原子サイトによって変動することから，スピンの大きさの自由度を活かした一種の反強磁性と見なされる．図2.8を使って説明する．(a) に示すように，Q_{SDW} をちょうどフェルミ波数 k_F の差し渡し ($2k_\mathrm{F}$) と同じ大きさに選べば，バンド構造の変形によるエネルギーギャップが k_F 近傍で容易に形成される．バンドエネルギー（運動エネルギー）の低下が SDW 形成による電子間相互作用の増加よりも大きければ，波数 Q_{SDW} の SDW 状態が安定に存在する．このとき，↑スピンと↓スピンに分解したスピン密度分布 $\rho_\uparrow, \rho_\downarrow$ およびそれに伴う局所磁化 $\rho_\uparrow - \rho_\downarrow$ は，それぞれ (b) と (c) のような変調構造を示す．その空間周期は Q_{SDW} を反映し，$2\pi/Q_{\mathrm{SDW}} = \pi/k_\mathrm{F}$ となる．なお，(a) でわかるように $k = 0$ と $\pm\pi/a$ ではバンドを分裂させようがなく，ギャップ形成によるエネルギー的な利得が見込めない．そのため，$Q_{\mathrm{SDW}} = 0$ または $2\pi/a$ の強磁性 SDW 状態は安定化しない．

図 2.9 に示すように，電子とホールの両方にフェルミ面があるときには，波数 k にある電子と $k + Q_{\mathrm{SDW}}$ にあるホールが対を作っているとも見なすことができる．この場合，Q_{SDW} は電子のフェルミ面とホールのフェルミ面をつなぐ差し渡しベクトルとなる．磁性の教科書でよく見かける Cr のネスティングはこれにあたる．

数式で考えてみよう．相互作用の無いバンド電子系において，波数 Q の周期ポテンシャルに応答する磁化率 $\chi_o(Q)$ は次で与えられる[6]：

$$\chi_0(Q) = \frac{1}{2}\sum_k \frac{f(\varepsilon_k) - f(\varepsilon_{k+Q})}{\varepsilon_{k+Q} - \varepsilon_k}. \tag{2.4}$$

$\chi_0(Q)$ を大きくするには，図 2.9 下のように，Q_{SDW} だけ離れた位置に線あるいは面として同じような形状のフェルミ面があればよい．低次元物質ではフェルミ面がより平坦になるため，ネスティングを起こす可能性が高くなる．なお，これまで述べてきた $\omega = 0$ でのネスティングを $\omega \neq 0$ に拡張することも可能と思われる．その場合，Cr だけでなく，$\omega = 0$ でネスティングの可能性が指摘されている銅酸化物超伝導体や鉄系超伝導体における低エネルギー励起を，拡張した動的ネスティングとして説明できるかもしれない（2.5.1 項参照）．

(a)
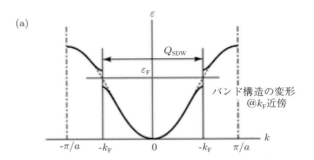

(b)
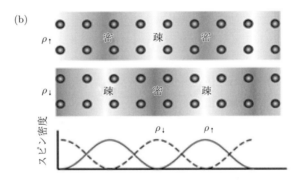

(c)
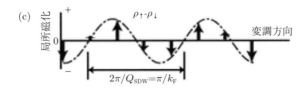

図 **2.8** (a) SDW によるバンド構造の変形と，それに伴って開くエネルギーギャップ．(b) ↑スピンと↓スピンの空間密度変調 $\rho_\uparrow$ と $\rho_\downarrow$．(c) 変調方向における局所磁化 $\rho_\uparrow - \rho_\downarrow$．空間周期は π/k_F．なお，図示していないが，局所電荷 $\rho_\uparrow + \rho_\downarrow$ は一定．

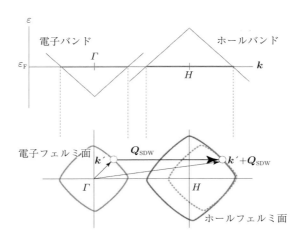

図 2.9 電子フェルミ面とホールフェルミ面の間で起きるネスティング.

2.3.2 金属強磁性体の磁気励起（実験）

(a) Pd$_2$MnSn

金属的な電気伝導を示す Pd$_2$MnSn は $T_C = 189$ K の強磁性体で，強磁性を担う Mn 原子は面心立方格子を組んでいる．$4.2\mu_B$ に達する磁気モーメントは Mn サイトによく局在しており，その磁性を記述するには，局在スピンモデルに基づくハイゼンベルグハミルトニアン $H = -2\Sigma J_{ij} \boldsymbol{S}_i \cdot \boldsymbol{S}_j$ が妥当である．ここで，J_{ij} は i 番目と j 番目の Mn 原子の局在スピン $\boldsymbol{S}_i$ と $\boldsymbol{S}_j$ の間に働く交換相互作用である．実際に中性子非弾性散乱で主要 3 方向 [001], [110], [111] に沿って決めたスピン波分散を，図 2.10 に示す[7]．ブリュアンゾーン全域にわたって磁気分散を明確に定義でき，ゾーン境界の最大励起エネルギーがおよそ $2k_B T_C$ に相当することがわかる．なお実験データを再現するには 6 次以上の J_{ij} の取り込みが必要であり，この J_{ij} はスピン間の距離によって大きさだけでなく符号も変化する．この遠距離に及ぶ振動的な交換相互作用が金属強磁性体の特徴を表している．これは，局在スピン間に s, p 伝導電子を媒介とする

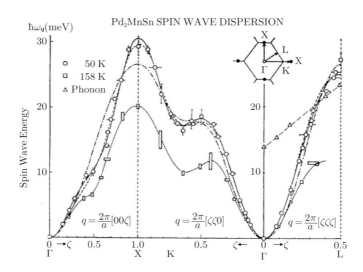

図 2.10 Pd_2MnSn の強磁性スピン波分散[7]．実線，破線，鎖線は，近接交換相互作用を 8 次，6 次，4 次までそれぞれハミルトニアンに取り込んで実験データに合わせた計算結果．

RKKY 相互作用が働いた結果として理解できる．つまり，金属中の局在スピン系における磁気励起の特徴は，伝導電子の存在を反映した遠距離に及ぶ振動的な磁気相互作用といえる．

一方，結晶構造に基づいて計算したバンド構造を使って，Pd_2MnSn の動的帯磁率がバンド計算から評価された[8]．↑スピンと↓スピン，2 つの電子が同じ d 軌道上に来たときに作用するクーロンエネルギー U をパラメータとし，Mn のみならず Pd の d 軌道も考慮することで，低温における Pd_2MnSn のスピン波分散が再現できるとされている．ここでバンド計算に U を加えることは，電子相関を強め，電子の局在性を取り込むことに相当する．振動しながら長距離に及ぶ J を通して金属性を局在スピン系に取り込んだ分散と，バンド計算に U を加えて電子の局在性をバンド電子系に考慮した分散が一致する結果は，現実の金属磁性体において局在スピンと遍歴電子スピン，両者の寄与が少なからず

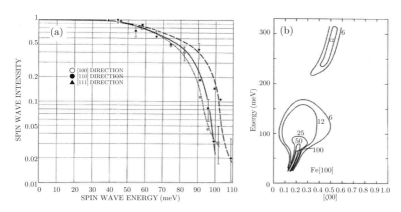

図 2.11 (a) α-Fe におけるスピン波強度のエネルギー依存性[9]. 縦軸は対数スケール. (b) [100] 方向における強度等高線マップ[10]. $\zeta = 1$ がゾーン境界.

あることを示している.

(b) α-Fe

α-Fe は体心立方格子を組み, $T_\mathrm{C} = 1043$ K, 低温で $2.2\mu_\mathrm{B}$ の磁気モーメントをもつ金属強磁性体の代表物質である. その磁気励起はいまだ全容解明に至っていないが, これまでにわかっている範囲に限って見ただけでも, 比較的局在性の強い $\mathrm{Pd_2MnSn}$ の磁気励起とは様子が異なる.

1970〜1980 年代に原子炉中性子を使って測定された中性子磁気非弾性散乱のデータを図 2.11 に示す. 低エネルギー側で強度が強く $(\boldsymbol{q}, \omega)$ 空間でシャープなスピン波信号が, ある領域 $(\zeta_\mathrm{SB} \sim 0.2, \omega_\mathrm{SB} \sim 80$ meV$)$ から高エネルギー側で急激に幅を広げ強度が激減する[9, 10]. これは, あたかも $(\zeta_\mathrm{SB}, \omega_\mathrm{SB})$ をストーナー境界とするストーナー連続帯 (図 2.7(b)) の存在を思わせる. しかし, ストーナーモデルで計算した T_C は実測値よりも 5 倍前後高い値を与え, 強磁性相における低温磁化の $T^{3/2}$ 則や常磁性相における帯磁率の $1/T$ 則といった基本的なバルク物性でさえ, ストーナーモデルでは説明できない[6]. バンド電子性が現れているのはほぼ確かだが, しかしそれだけで α-Fe の磁気励起すべてを説明するのは困難である. 興味深いことに, 複数の d バンドとクーロン相互

作用を取り込んだバンド計算で評価された動的帯磁率は,新たに 200 meV 以上で分散をもって出現する励起(図 2.11(b))も含めて,低温の実験データを定性的に説明する[11]. つまり,電子の局在性と遍歴性という二面性の寄与が示唆されている点では,Pd_2MnSn と同様と言える.

局在スピンを α-Fe に想定すれば,その高い T_C から Pd_2MnSn に比べて大きな J が期待される. α-Fe と Pd_2MnSn の磁気励起が異なって見えるのは,局在スピンの磁気励起エネルギースケールの違いではないだろうか. つまり,α-Fe ではそれが大きいために,ストーナー境界を超えてバンド間遷移のエネルギー領域(〜100 meV オーダー)と重なり,その結果,ストーナー連続帯の影響がスピン波励起に現れた. 一方,局在スピンの磁気励起エネルギースケールが小さい Pd_2MnSn では,ストーナー連続帯より低い"クリーン"なエネルギーギャップ内でスピン波が収まっているため,ストーナー励起を伴わずにブリュアンゾーン全域で波として存続可能,という解釈である[3]. 今後,大強度パルス中性子を使ったより定量的な,そしてブリュアンゾーン全域にわたる Fe の磁気励起調査が必要である.

2.3.3　金属反強磁性体の磁気励起(実験)

(a) $FePt_3$

これまで述べてきた金属強磁性体と比べて,金属反強磁性体の磁気励起に何か違いはあるだろうか. 初めに,局在スピン描像でよく記述される $FePt_3$ を取り上げる. 合金 $FePt_3$ は $T_N = 170$ K の金属反強磁性体で,その反強磁性を担う Fe 原子は単純立方格子を組み,$3.3\mu_B$ に達する磁気モーメントは Fe サイトによく局在している. 図 2.12 に示すように,スピン波の最大励起エネルギーはゾーン境界で 40 meV 強 ($\sim 3k_B T_N$) に留まり,ブリュアンゾーン全域にわたって明確なスピン波信号が観測されている[12]. ハイゼンベルグハミルトニアンに基づいて解析した結果,金属 Pd_2MnSn と同様,$FePt_3$ のスピン波分散を再現

---

[3] 反強磁性モット絶縁体を母物質とする銅酸化物超伝導体のアンダードープ試料で,高エネルギー側のスピン波強度が強く抑制される現象が報告されている(2.4.4 項,図 2.31). 100 meV を越える大きな J がもたらす高エネルギースピン波が反強磁性ストーナー連続帯に入ったと考えられる.

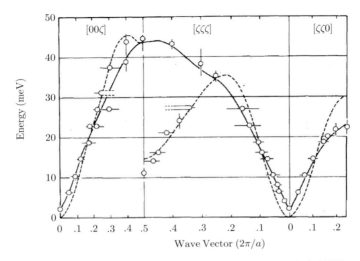

図 2.12 FePt$_3$ の主要 3 方向 [001], [111], [110] に沿って決めた T_N より十分低温での反強磁性スピン波分散[12]. 図中の実線は,ハミルトニアン $H = -2\Sigma J_{ij}\boldsymbol{S}_i\cdot\boldsymbol{S}_j - D\Sigma S_{iz}^2$ で近接交換相互作用を 6 次まで取り込んで実験データに合わせた計算結果. J_{ij} は i 番目と j 番目の Fe 原子の局在スピン間に働く交換相互作用, D は現象論的に取り入れた異方性定数でありギャップエネルギーを表す. なお図中の破線は,等価な別の磁気ドメインからの寄与を表している.

するには遠距離に及ぶ振動的な交換相互作用 J を必要とすることがわかった.

(b) Cr

次に,遍歴電子反強磁性体の代表物質とみなされている Cr の磁気励起を紹介する. Cr は, $T_N = 311$ K 以下でバンド電子系の特徴である SDW を示す[13]. 図 2.13 に,実空間でのスピン配列の模式図 (a,b) と逆格子空間におけるネスティングベクトル $\boldsymbol{Q}_{\mathrm{SDW}}$(c) を示す. 長周期の格子非整合な磁気相関を反映し, (1,0,0) のような反強磁性 $\varGamma$ 点から $\boldsymbol{Q}_{\mathrm{SDW}}$ はわずかにずれる. 以下に説明する磁気励起の実験データは, $\boldsymbol{Q}_{\mathrm{SDW}}$ 周辺で観測したものである.

α-Fe がそうだったように, Cr の磁気励起もエネルギースケールが数 100 meV と大きく,現在のところその全容解明には至っていない. しかし,これまでに得られている Cr の低エネルギー磁気励起は, FePt$_3$ や Pd$_2$MnSn のスピン波

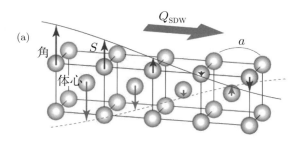

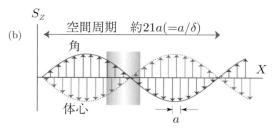

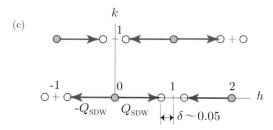

図 **2.13** Cr における SDW の模式図．(a) 体心立方格子でのスピン配置．角と体心における スピンの向きは反平行．(b) 格子約 20 個分の空間周期でスピンの大きさが変調する長周期構造．なお，T_N 以下で $T_{SF} = 121\,\mathrm{K}$ までは (a, b) に示すように $\bm{Q}_{SDW}$ と垂直な向きにスピン $\bm{S}$ が偏向し，さらに T_{SF} 以下の低温では $\bm{Q}_{SDW}$ と $\bm{S}$ が平行になる．前者（T_{SF} 以上）を横偏向 SDW，後者（T_{SF} 以下）を縦偏向 SDW と呼ぶ．(c) 逆格子空間におけるネスティングベクトル $\bm{Q}_{SDW} = (2\pi/a)(1-\delta, 0, 0), \delta \sim 0.05$．

とは異なって奇妙な振る舞いを示す．はじめに，50 meV 以下の低エネルギーにおける磁気分散を模式的に図 2.14 に示す[14]．格子非整合な磁気ブラッグ位

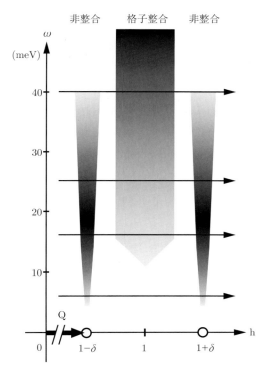

図 2.14 Cr の縦偏向 SDW 状態における磁気励起分散の模式図[14]．色の濃淡は磁気産卵強度の強弱を示す．

置 $Q_{\mathrm{SDW}} = (1\pm\delta, 0, 0)$ ($\delta \sim 0.05$) のシャープなピークがその中心位置を変えずに 40 meV まで立ち上がる磁気励起が観測されており，高エネルギー領域に向かって強度が減少する．一方，10 meV 以上では格子整合な位置（$\delta = 0$，反強磁性 $\varGamma$ 点）に別のブロードな磁気励起が現われ，50 meV 以上の高エネルギー側へと強度を増していく．もしこのような磁気励起が反強磁性スピン波分散面（コーン状）をもつスピン波励起だとすると，分散の傾きからゾーン境界（$q_{\mathrm{ZB}} \sim 1.1$ Å^{-1}）のスピン波エネルギーは概略，$\hbar c \times q_{\mathrm{ZB}} \sim 1{,}100$ meV となる．これは，ネール温度の熱エネルギー（$k_{\mathrm{B}} T_{\mathrm{N}} \sim 27$ meV）のおよそ 40 倍で

あり，局在スピンモデルが成り立つ $FePt_3$ の場合（4 倍）と比較して非常に大きな値となる．先に述べた磁気分散の奇妙な形状や，通常のスピン波に現れる分散面が見えないという点も踏まえると，Cr の磁気励起は非常に大きな J をもったスピン波と考えるよりも，金属反強磁性体の特徴である SDW を反映した，スピン波とは定性的に異なる磁気励起と見るのが自然であろう．

なお図 2.14 のような磁気励起は，実験の統計精度や分解能が有限なために，以下のような別の解釈も可能であり，実際そのような分散関係を提示しているグループもいる[15]．すなわち，エネルギーが高くなるにつれ格子非整合ピークの中心位置が Γ 点に向かって移動し格子整合な成分へと合流する，つまり，Q_{SDW} が高エネルギー側で徐々に Γ 点へシフトする（格子非整合–整合クロスオーバー）という解釈である．この性質については，次の 2.3.3 項 (c) で議論する．

Q_{SDW} から派生している磁気分散は，単純に考えれば SDW の励起状態を示し，バンド電子を起源とするものであろう．Q_{SDW} がほぼ一定のままエネルギーを変化させる励起として，具体的には図 2.15 のように，磁気的な空間周期性を保ったままスピンの大きさが時間変化する集団励起が考えられる．これは，先に図 2.6(c) で示した縦揺らぎである．実際，10 meV 以下で顕著な縦揺らぎが偏極中性子非弾性散乱で観測されており[16]，縦揺らぎはスピンの大きさを自由度にもつ SDW，言い換えれば遍歴性の強い金属反強磁性体における磁気励起の特徴と思われる．

それでは，格子整合成分も格子非整合な磁気励起と同様に，エネルギーに対して Q の変化が小さい励起なのだろうか？これまでに，少なくとも 80 meV までは格子整合ピークが続くことがわかっている[15]．最大 600 meV における磁気散乱が報告されてはいるが，Q の情報は乏しく[17]，100 meV 以上の磁気分散の詳細は明らかでない．より高エネルギー側における磁気励起の詳細な情報を得るため，最近，大強度パルス中性子実験施設 J-PARC/MLF に設置されている高分解能チョッパー型分光器 HRC を用い，中性子飛行時間 (TOF) 法[2] を使って Cr の磁気励起を観測した．これまでところ，HRC ではおよそ 300 meV($\sim 10k_B T_N$) までの磁気励起を観測している．その一例を図 2.16 に示す．図では，非弾性散乱強度を $(h,k,0)$ 面へ投影している．反強磁性 Γ 点に

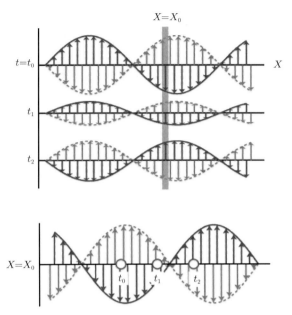

図 2.15 横偏向 SDW 状態の時間変化の一例．空間周期を保持したまま，スピンの大きさが時間とともに変化する．

相当する $(2,-1,0)$ に見えるスポット状の散乱が磁気励起であり，その励起エネルギーはおよそ 250 meV である．格子整合成分は Q の位置がエネルギーに依存せず，300 meV 程度の高エネルギーでも磁気相関が比較的広い範囲（格子 10 個分弱）に及んでいる励起と考えられる．

　エネルギースケールの大きい金属強磁性体 α-Fe で観られていたストーナー励起の影響は，Cr でも観えているのだろうか？ 300 meV までのエネルギー範囲で見る限り，磁気励起強度の急激な低下や Q ピーク幅の顕著な広がりは観測されていない．最近，バンドモデルに基づいて Cr の動的帯磁率 $\chi''(q,\omega)$ が，横揺らぎと縦揺らぎの成分に分けて計算された[18]．低エネルギー領域では分散をもつ強い横揺らぎが存在するが，約 400 meV を越えると Γ 点を中心とする縦揺らぎへクロスオーバーする兆候が現れている．ただし，高エネルギー側の

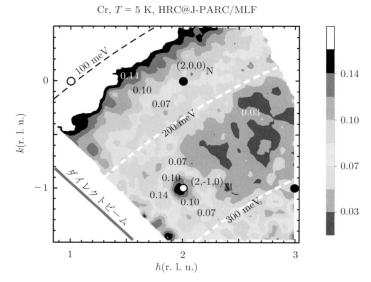

図 2.16 Cr の縦偏向 SDW 状態における $(h, k, 0)$ 面上の中性子非弾性散乱強度マップ．鉛直方向に $-0.15 \leq l \leq 0.15$ の厚みで積分．体積約 $3\,\mathrm{cm}^3$ の単結晶を使い，中性子ビームを 1.5 日当てた．円弧状の破線は，等エネルギーの Q 位置を示す．右の帯は強度スケール．約 150 meV 以下と左下側（低角側）での強度上昇は，それぞれ，試料等からの非干渉性散乱とダイレクトビームの影響．

励起は広い (q, ω) 空間に広がっており，ストーナー連続帯の存在を予想させるが，詳細な議論には，より高エネルギー域での実験が必要である．

(c) $\mathrm{Mn}_{3-x}\mathrm{Fe}_x\mathrm{Si}$

Cr と同様に SDW を示す金属反強磁性体 $\mathrm{Mn}_3\mathrm{Si}$ はその $T_\mathrm{N}(= 21\,\mathrm{K})$ が Cr と比べて一桁小さいことから，磁気エネルギースケールの小さい系としてこれまで研究がなされてきた．

図 2.17(a) に示すホイスラー型結晶構造をとる金属間化合物 $\mathrm{Mn}_3\mathrm{Si}$ は，2 種類の Mn サイト ($\mathrm{Mn_I}$ と $\mathrm{Mn_{II}}$) に対応して，大きさの異なる 2 種類の磁気モーメントが存在する ($m_\mathrm{I} \sim 2\mu_\mathrm{B}, m_\mathrm{II} \sim 0.2\mu_\mathrm{B}$)．Cr 同様に T_N 以下で格子非整合な磁気相関が発達し，SDW 状態が実現していると考えられる．Mn を一部 Fe

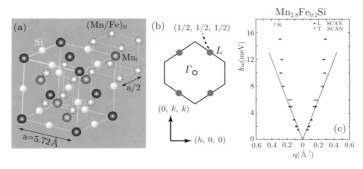

図 2.17 (a) $\mathrm{Mn}_{3-x}\mathrm{Fe}_x\mathrm{Si}\,(x<1)$ の結晶構造．(b) 逆格子 (h,k,k) 面における $\mathrm{Mn}_{2.8}\mathrm{Fe}_{0.2}\mathrm{Si}$ の反強磁性磁気ブラッグピーク位置，L 点．六角形の実線は第一ブリュアンゾーン．(c) 原子炉中性子を使って決められた $\mathrm{Mn}_{2.8}\mathrm{Fe}_{0.2}\mathrm{Si}$ の磁気分散[19]．

で置換した $\mathrm{Mn}_{2.8}\mathrm{Fe}_{0.2}\mathrm{Si}$, $T_\mathrm{N}=23\,\mathrm{K}$ の低エネルギー磁気分散を (c) に示す[19] ($\omega=0$ の磁気ブラッグ位置が格子非整合と整合の違いはあるが，磁気励起を考えるうえで $\mathrm{Mn}_3\mathrm{Si}$ と本質的には変わらない)．磁気ブラッグ点はブリュアンゾーン境界の L 点 $(1/2,1/2,1/2)$ にあり (b)，そこからスピン波的な磁気励起が広がる．これまでに，およそ 8 meV 以上でエネルギー変化に対して Q 変化の小さい磁気励起が報告されている．以下，そのような磁気励起を「チムニー（煙突）型励起」とここでは呼ぶ．

さらに高エネルギー側でのチムニー型励起を調べるために，J-PARC/MLF と米国 ORNL/SNS 施設の大強度パルス中性子を用いた TOF 分光法により，$\mathrm{Mn}_3\mathrm{Si}$ と $\mathrm{Mn}_{2.8}\mathrm{Fe}_{0.2}\mathrm{Si}$ における磁気励起の再調査が最近行われた．図 2.18(a, b) に $\mathrm{Mn}_{2.8}\mathrm{Fe}_{0.2}\mathrm{Si}$ の磁気散乱を強度マップで示す．L 点を中心とする低エネルギー域のチムニー型励起が以前のデータ（図 2.17(c)）と同様に 20 meV 程度まで続くが (a)，より高エネルギー域では $(\pm 2,-2,-2)$ ゾーンの Γ 点（反強磁性の Γ 点でもある）を中心とするピーク幅の広いチムニー型励起へと変化することが新たに見つかった (b)．この散乱は $\omega=20\,\mathrm{meV}$ から 100 meV 超にかけて，ピーク幅をほぼ変えずに存続し，高エネルギー側で磁気散乱強度が急速に弱くなる．観測した磁気励起の領域を，模式的に (c, d) に示す．Γ 点で

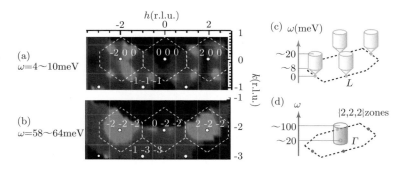

図 2.18 $Mn_{2.8}Fe_{0.2}Si$ の (h, k, k) 面における磁気励起；(a,b) 実験データ，(c,d) 模式図．(a) $\omega = 4\sim 10$ meV と (b) $\omega = 58\sim 64$ meV では，強い散乱を明るい色で示している．破線は結晶格子の第一ブリュアンゾーン．(c) 低エネルギー領域と (d) 高エネルギー領域で観測した磁気励起の模式図．詳細な内部構造はまだわかっていない．

高エネルギー側に伸びる幅広いチムニー型励起は，単位胞程度の領域のスピンが一斉に伸縮する縦揺らぎとして理解することが可能である．この場合，励起エネルギーが高くなるにつれスピンの大きさは小さくなる．

このような立場に立って，チムニー型励起に見られるエネルギーに依存するピーク位置を，スピン波励起とは異なるモデルで考えてみよう．まず，以下のようなスピンユニットを仮定する．すなわち，ユニット内ではスピン同士は相関し，ユニット間のスピン相関は無い．このようなスピンユニットの磁気励起がチムニー型励起を示すとすれば，磁気励起を示す $\boldsymbol{Q}$ のエネルギー依存性はスピンユニット内のスピン相関（構造因子）が最大値を示す $\boldsymbol{Q}$ のエネルギー変化として説明される．実際，いくつかのスピンユニットを仮定し，そこに含まれるスピン $\boldsymbol{S}_i$ の空間相関（構造因子）$\sum_{i,j} \boldsymbol{S}_i \cdot \boldsymbol{S}_j \exp[i\boldsymbol{Q} \cdot \boldsymbol{R}_{ij}]$ を計算したところ，図 2.19 のようなスピンユニットモデルが図 2.18(a,b) の実験結果を定性的に再現することがわかった．

では，もっと高エネルギー側では何が起きるだろうか？おそらくエネルギーの増加とともにユニットは小さくなり，最小のスピンユニットまで到達した後，最終的にはスピン相関の無い常磁性状態，あるいはスピン自身が消える非磁性

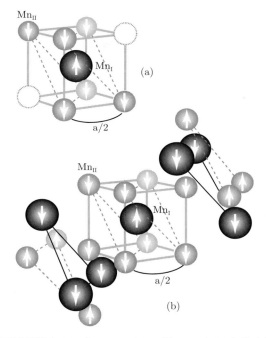

図 2.19 実験結果を説明するスピンユニットの一例．$Mn_I(Mn_{II})$ サイトを大きな（小さな）丸で示す．破線で囲む面は (111) 面．(a) 高エネルギー側：1 個の Mn_I と 6 個の Mn_{II} からなるスピンユニット．(b) 低エネルギー側：7 個の Mn_I と 14 個の Mn_{II} からなるスピンユニット．両者とも結晶単位胞（図 2.17(a)）の一部からなる．高エネルギー側 (a) に比べ，低エネルギー側 (b) では $\langle 111 \rangle$ 方向のスピンが加わる．

状態へと移行するのではないか．逆にエネルギーを下げると，あるエネルギーでいくつかのスピンユニットがパーコレーション的に繋がり，図 2.17(c) に見られるスピン波的な磁気励起に繋がっていくことが予想される．

Cr に見られるスピン波とは異なる磁気励起の分散と，後述する鉄系超伝導体 $FeTe_{1-x}Se_x$ の異常な磁気励起の分散（2.4.5 項）は，このようなエネルギーに依存するスピンユニットをベースとするチムニー型励起の可能性を強く示唆している．

2.3.4 磁気励起における金属強磁性体と金属反強磁性体の違いは何か

　最初に，局在性の強い強磁性体 Pd_2MnSn と反強磁性体 $FePt_3$ を比較する．両者共にその磁気励起はブリュアンゾーン全域でスピン波分散として解析でき，伝導電子を介する長距離相互作用 J_{ij} に金属の特徴が現れている．磁気励起は符合も含めた J_{ij} の大きさで決まり，強磁性体と反強磁性体で共通する性質と言える．

　α-Fe のように磁気励起エネルギースケールの大きい系でストーナー励起の影響が観測されているが，希薄ドープ領域の銅酸化物超伝導体（2.4.4 項）や一部の鉄系超伝導体でも反強磁性ストーナー励起の兆候が見えている可能性がある．したがって，ストーナー励起（バンド間遷移による 1 電子励起）は強磁性体と反強磁性体に共通する性質であろう．

　反強磁性 Cr や $Mn_{3-x}Fe_xSi$ で見出されたチムニー型励起は，強磁性体にも存在するだろうか？　以下に，単純化したトイモデルを使って簡単な考察を行う．図 2.20 のように，隣り合う原子の軌道へそれぞれ電子スピンを 1 個ずつ配置する．平行スピン (a) と反平行スピン (b) の 2 通りがあり，図示していないが，どちらも片方のスピンを反転させると磁気的な励起状態となる．しかし，そのようなスピン反転はスピン配列の空間周期を変えるため，チムニー型励起を説明できない．一方，スピン反転させずに電子を隣りの原子軌道へ飛ばすことでも系を励起させることができる．ただし，平行スピン (a) ではパウリ排他律により電子遷移が許されず，反平行スピン (b) の場合にそれが可能である．このトイモデルでは励起状態がスピン一重項になるが，実際の Cr や $Mn_{3-x}Fe_xSi$ では 5 つの d 軌道上に複数の電子があるために合成スピンが残り，電子遷移前に比べて原子スピンの大きさが小さくなると考えられる．これが，先に仮定したスピンユニット内での縦揺らぎ，つまりはチムニー型励起ではないだろうか．なお，(b) の電子遷移では，クーロンエネルギーの増加を抑えるようにスピン密度が空間的に広がるため，副次効果として電子の遍歴性が増すであろう．あくまで定性的推論だが，遍歴電子系の反強磁性体だけがチムニー型励起を示すのではないか．

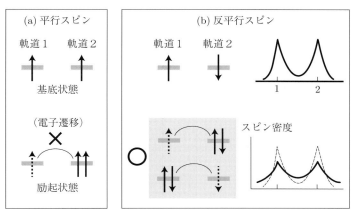

図 2.20 隣り合う原子の軌道に電子スピンを 1 個ずつ配置したときに想定される電子遷移：(a) 平行スピン，(b) 反平行スピンの場合．

以前述べたように強磁性 SDW 状態は安定化しないため (2.3.1 項 (b))，SDW の励起状態はバンド電子反強磁性体に特有である．チムニー型励起を示す金属反強磁性体が共通して SDW を示す点は興味深い．以前チムニー型励起を説明するために用いたスピンユニットモデルが一般に格子非整合な Q 位置にピークをもつスピン相関 ($\sum_{i,j} \bm{S}_i \cdot \bm{S}_j \exp[i\bm{Q} \cdot \bm{R}_{ij}]$) を与えることと，関連があるのではないだろうか．

2.4 磁性が関与する新規超伝導体の磁性研究

最近発見されるいくつかの超伝導体は，銅酸化物超伝導体をはじめとして磁性が密接に絡み合っている．過去の研究成果から，これらの超伝導物質をミクロな観点から研究することは，実は伝導と磁性の本質的な問題解決にもつながっていることがわかってきた．逆に，これら超伝導の発現機構解明を妨げているのは，最初に述べた，伝導と磁性の相関研究の難しさが大きな原因の 1 つになっている．銅酸化物超伝導体だけでなく鉄系超伝導体，あるいは希土類系超伝導体に残っている，あるいは残ると予想される難問も，この点が関係している．

それを解決する重要な手法が，量子ビームによる分光法である．

　超伝導を起こすには，フェルミ粒子である電子対を形成し，ボーズ凝縮を起こす必要がある．その対形成相互作用が何かがまず問題である．銅酸化物超伝導体では，銅スピン間の，局所的な超交換相互作用あるいは磁気揺らぎ（それらをまとめて磁気相互作用と呼ぶ）が有力な候補になっている．銅酸化物超伝導が発見された直後に共鳴価数ボンド (RVB) 理論をそのメカニズムとして提唱し，その後の研究に大きな影響を与えた P. W. Anderson は，「銅酸化物超伝導に接着剤（グルー）は必要か？」という論文（コメント）を最近書いている．ここでいう「接着剤」とは，電子・格子相互作用（フォノン）や磁気揺らぎ（マグノン）のような，格子やスピンの集団運動のことを指している．Anderson は，銅スピン間の強い磁気相互作用，あるいはその源になっている電子間相互作用だけで超伝導は出るので，この種のグルーをわざわざ考える必要はないとの主張であろう．銅酸化物超伝導体が発見されてから四半世紀が過ぎたこの時期に，まさにメカニズムの根幹に関わる問題点が指摘される銅酸化物超伝導体の物理がいかに難しいかを示している．

　2008 年に東京工業大学の細野グループが発見した鉄系超伝導は，フィーバーが起こる前に，同一構造の Ni と P を含む超伝導体が，やはり細野グループによって発表されていた．しかし T_c が低かったためにあまり注目を引かなかった．ところがその物質が Fe と As で置換えられたとたんに T_c が 50 K まで上昇し，あっという間に世界中にニュースが駆け巡った．銅酸化物と同様に，T_c の大きな上昇が期待されたのと，Fe という磁石を作る元素は，超伝導とは相容れないと信じられていたためである．鉄系高温超伝導に関しこれまで多くの研究が行われてきたが，その高温超伝導が実現する仕組みはいまだ解明されていない．銅酸化物と同様に，磁性がその発現機構に重要とするモデルや，電子軌道の揺らぎが関与する電子・格子相互作用が重要であるというモデルなどが提唱されている．超伝導に関与するフェルミ準位近傍に鉄の $3d$ 電子からなる複数のバンドが寄与するために，伝導と磁性が複雑に連動し，多面的様相を示すため，複数の発現機構があるのかも知れないなど，その理解を難しいものにしている．超伝導にはならないが，純鉄の強磁性体においても複数の $3d$ 電子バンドと $4s$ 電子バンドがフェルミ面形成に関与しており，その点では鉄系高温超

伝導体と類似の状況にあるとも言える．鉄の電子物性，特にその磁性を磁気励起から明らかにすることは，鉄系高温超伝導を理解するうえで密接な関連性があるかも知れない．

2.4.1　新規超伝導体研究と量子ビームによる物性分光法の進展

量子ビームによる物性分光法の急速な進展は高温超伝導研究に大きく貢献した．例えば，光電子分光法，特に ARPES は長足の進歩を遂げた．この進歩は銅酸化物超伝導研究がもたらしたと言っても過言でない．銅酸化物研究以前のエネルギー分解能が数 100 meV だったのに比べて，100 倍程度分解能が高くなり，超伝導の出現に伴う，meV 程度のフェルミ面近傍に開く超伝導ギャップの直接観測ができるようになった．また本来，電子構造を研究する手段が高分解能化により，電子と格子振動や磁気励起などの素励起と電子の結合に関しての情報も得られるようになってきた．例えば電子の励起分散に現れる折れ曲がり（キンク）構造から，電子がどのような素励起と結合するかが議論できるようになってきた．つまり，数 10 meV 程度のフォノンやマグノンとの結合による電子構造自身の変形が研究できる状況にある．従来，中性子や X 線非弾性散乱で，格子やスピンの二体相関としての素励起を観測し，その寿命（素励起のエネルギー幅）から電子との結合を議論したのが，電子構造からも議論できるようになってきたことは，大変大きな意味をもっている（2.5.1 項で説明する）．

また，放射光源の発展は，ARPES の高度化以外にも，高温超伝導研究に大きく貢献した．播磨の SPring-8 やヨーロッパ放射光施設 (ESRF)，あるいはアメリカのアルゴンヌ研究所の放射光施設 (APS) における，高分解能の非弾性散乱では，中性子非弾性散乱と同程度の数 meV のエネルギー分解能で，格子振動の分散関係が 100 meV を優に越える領域まで，しかも 1 mm 以下の大きさの単結晶で測定できるようになってきた．さらに，RIXS では，磁性元素の L 吸収端を用いた非弾性散乱実験が可能になってきたため，分散を示す磁気励起信号を取り出すことができるようになってきた．現状では中性子分光よりもエネルギー分解能は悪く，低いエネルギー領域の詳細な情報は得られないが，逆に 100 meV を越える高エネルギー側では，中性子での観測が難しい情報も

得られつつある．

またイギリスのラザフォード研究所に当時世界最高強度のパルス中性子源 ISIS が銅酸化物超伝導体の発見の数年後に完成した．この施設に設置されたチョッパー型非弾性散乱装置は，研究用原子炉では困難な 100 meV を越える磁気励起（特に銅酸化物などの低次元磁性体）の研究に威力を発揮した．その後，約 20 年経って，アメリカのオークリッジ研究所 (SNS) と日本の J-PARC にさらに大型のパルス中性子源が完成した．ISIS で行われた銅酸化物超伝導体の磁気励起の研究では，10 cm^3 程度の単結晶を用いて，数日をかけて高エネルギー磁気励起を観測する必要があったが，SNS や J-PARC では，同程度の体積の試料を用いると，数時間でデータが採れるようになってきた．鉄系超伝導体ではスピンの大きさが銅酸化物よりも大きいため，さらに少ない試料でのデータ採取が可能となっている．また，低次元系だけでなく，3 次元系においても広い $(\bm{Q}, \omega)$ 空間での情報が採取できるようになってきた．また，原子炉の定常中性子ビームを用いた研究も，偏極ビームを用いた装置の高度化で，新たな進展を見せている．例えば，3 軸型分光装置にスピンエコー法を組み合わせ，超伝導体のフォノンのエネルギー幅（寿命）の高精度測定から，電子-格子-相互作用の詳細な $\bm{Q}$ 依存性の研究などが行われている．

ミュオンは，J-PARC で世界最高強度のパルスビームが利用できる環境が整い始めている．それと特筆すべきは，超低速ミュオンのビームラインが稼働間際となっており，ミュオンエネルギーの調整による，表面や界面，さらには集束したビームによるヘテロ縞状の超伝導研究への応用が期待されている．

2.4.2　銅酸化物超伝導体の超伝導・磁性相図

超伝導と磁性の相図は両者の関係を考えるうえでの出発点であり，この相図を作成するうえで量子ビームが重要な役割を果たしている．銅酸化物超伝導体をどのような超伝導体と捉えるかについて 2 通りの考え方がある．それは超伝導を起こす前の母物質をどのように捉えるかということで決まる．多くの場合は，出発点を絶縁体にとり，それにキャリアをドープした絶縁体 (doped Mott insulator) として捉える．もう 1 つは，オーバードープして超伝導が消えた通

常金属領域からスタートし，電子間の相関を，アンダードープ領域に向かって強くしていく考え方である．超伝導発現にとって磁性の役割を考えるには，ドーピングによる磁性の変化を見ていくことが重要であり，多くの実験的研究も絶縁体側から行われている．ここでも前者の立場に立ち，絶縁体側からスタートする．キャリアドープは，多くの場合，絶縁体の構成原子と異なる価数の原子で置換することで行われる．例えば反強磁性絶縁体 La_2CuO_4 の La^{3+} を Sr^{2+} に置換するとプラス電荷が不足するため Sr 1 個あたり 1 個のホール電荷がドープされる．この電荷が CuO_2 面に流れ込み，平面内の反強磁性秩序を壊し，超伝導を引き起こすと考えられている．またサイト置換ではなく過剰な酸素を入れる場合にも O^{2-} として酸素 1 個あたり 2 個のホールがドープされ，超伝導が現れると考えられる．この場合，過剰酸素は CuO_2 面間に入り，熱処理によってステージングという秩序的配置をとることが，中性子散乱などで研究されている．$YBa_2Cu_3O_6$ も Ba サイトの置換だけでなく，酸素量の増加によってホールがドープされる．しかし価数の異なる元素の置換や導入によってすべての場合に CuO_2 面にキャリアがドープされ超伝導が出るわけではない．例えば銅原子を価数の異なる元素（例えば Mn など）で置き換えても超伝導は起こらない．これはドープされたキャリアが CuO_2 面には入っていかないで，ドーパント近傍に局在するためと考えられる．また多くの場合，超伝導相への元素置換による不純物効果（価数やスピン状態の局所的な変化，あるいは局所的な構造歪みなど）により超伝導は劣化する．銅酸化物超伝導体は共通して CuO_2 面をもっているが，結晶構造の異なる様々な物質があり，最高の超伝導転移温度が異なっている．それぞれの物質がドープ量によって性質を変えるので，それぞれの物質ごとに相図を調べる必要がある．しかし，入れたキャリアがどの程度 CuO_2 面に流れ出ているかが物質ごとに異なるため，正確なドープ量に対する相図を作れる系があまりない．特に酸化物の場合，酸素欠損あるいは過剰酸素が生じやすく，これによりキャリア濃度が変化するため，正確なドープ量の見積もりが困難である．上に述べたように La_2CuO_4 を母物質とする 214 系では，CuO_2 面のキャリア量は，価数の異なるドーパントの置換量に対応している．しかし，この比例関係がドープ量の大きな領域（オーバードープ領域）でも成り立っているかどうかはまだ最終的な答えが出ていない．

超伝導・磁性相図は，通常，横軸にドーピング量あるいはキャリア濃度をとり，縦軸は超伝導転移温度や磁気転移温度などを示している．超伝導転移温度 T_c は多くの場合，ドーム型のドープ量依存性を示す．つまり，絶縁体側から見れば，ある臨界濃度以上で超伝導が現れ，ドープ量とともに T_c は上昇する（アンダードープ領域）．ある濃度（最適ドープ濃度）で T_c は最大値を示し，それ以上の濃度（オーバードープ領域）では T_c は低下し，ある濃度以上では超伝導相は消失する．図 2.21 は 214 系 $La_{2-x}Sr_xCuO_4$(LSCO) と $Nd_{2-x}Ce_xCuO_4$(NCCO) の相図である．前者は La を Sr で置換するとホールがドープされ，後者は Nd^{3+} を Ce^{4+} で置換すると，電子がドープされる．共にドープする前は，ネール温度が 300 K 前後の反強磁性体で，キャリアドープにより，ホール系では急激に，電子系では緩やかにネール温度が低下し，それぞれ $x = 0.05$ と $x = 0.15$ 近傍で超伝導が現れる．電子系では長距離磁気秩序が消える辺りで，ホール系では短距離磁気秩序が消える辺りで超伝導が現れる．このことから，超伝導と長距離磁気秩序は基本的には競合関係にあるといえる．中性子散乱を用いた研究で，特に広範囲に，しかも微細にドープ量が調整可能な LSCO 系で，超伝導と磁性の相関に関する研究が行われた[20]．それによると LSCO では，$x = 0.02$ 近傍で長距離反強磁性秩序が消え，低温でスピングラス相と呼ばれる別の磁気的短距離秩序が現れる．正確には，$x = 0.02$ より低濃度側では，長距離反強磁性秩序の中に，絶縁体のスピン構造とは異なるスピン配列を伴う短距離秩序が析出し，$x = 0.02$ 以上になると長距離秩序は消えて，ホールの濃度とともにスピン配列の周期を変化させる短距離秩序相となり，$x = 0.05$ 以上の超伝導相では対称性の異なる別の短距離秩序相が最適ドープ領域まで残っている．

　電子系の NCCO では，絶縁体の反強磁性秩序がその対称性を保ったまま，電子ドープ量とともにネール温度が減少し，$x = 0.15$ 近傍で一次相転移的に超伝導が現れる．実際ミュオンスピン回転法 (μSR) と磁化測定や中性子散乱などで，超伝導相と磁気秩序相の共存と体積分率の競争的変化が，$x = 0.15$ 近傍で見られている．ただし，このような相図は，試料を還元処理した場合で，還元処理しない場合には，$x = 0.15$ 以上でも反強磁性秩序は残り，超伝導は出ない．この還元処理効果で何が起こっているかについても，過剰酸素の除去だけでなく，214 相とは異なる相の出現などが提唱されており，まだ最終的な結論

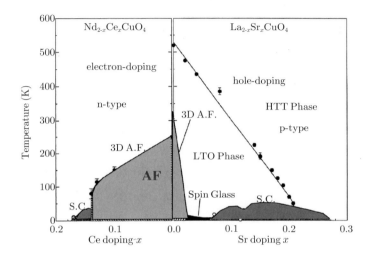

図 2.21 214系銅酸化物超伝導体の超伝導・磁性相図（S.C. は超伝導相，A.F. は反強磁性相を示す）．右側がホールドープ型 (p-type)，左側が電子ドープ型 (n-type)．HTT は高温正方晶，LTO は低温直方晶の結晶構造を示す．最近の研究では，電子ドープ型は，キャリアをドープしなくても超伝導体であるとの報告もある．

が得られていない．特に最近では，希土類サイト置換なしに熱処理だけで超伝導が出るという報告もあり，電子系については，ドープ前の214相自身の基底状態がいわゆるモット絶縁体かどうかについても議論が継続している[21]．

図2.22には，μSR を用いて研究された，ホールドープの Y 系 ($YBa_{2-x}Ca_xCu_3O_6$) と LSCO の相図[22] を示す（図の一番上）．転移温度や特徴的なキャリア濃度の違いはあるものの，両者はほぼ同じ相図を示しており，LSCO で得られた相図は，銅酸化物超伝導体の普遍的な特徴を表していると言ってよい．

しかし最近，多層系と呼ばれる物質群が高圧合成によって作られ，NMRを用いた研究で図2.23のような相図が作成された[23]．この相図は一見，LSCOやY系の相図に似ているようにも見えるが，大きな違いは，アンダードープ領域で見られる．すなわち反強磁性領域が電子系のように高ドープ領域にまで広

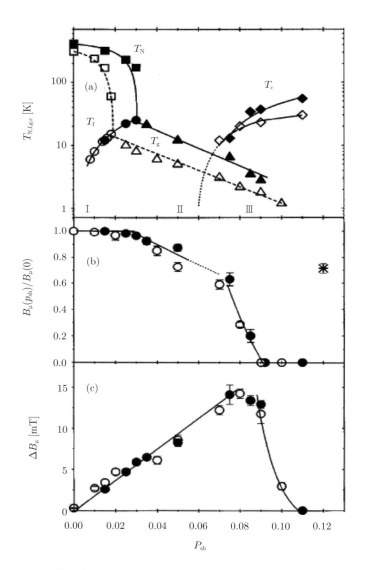

図 2.22 μSR 実験をもとに作成された LSCO 系と Y 系銅酸化物超伝導体の超伝導・磁性相図[22]. T_N, T_g, T_c はそれぞれ，ネール温度，スピングラス温度および超伝導転移温度.

2.4 磁性が関与する新規超伝導体の磁性研究

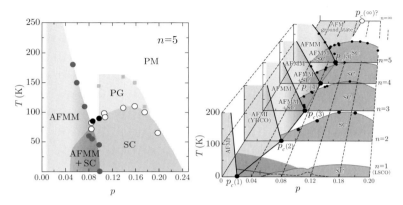

図 2.23 NMR 実験をもとに作成された多層系銅酸化物超伝導体の超伝導・磁性相図[23]．図の中の AFMI, AFMM, PM, PG, SC はそれぞれ，反強磁性絶縁体，反強磁性金属，常磁性，擬ギャップおよび超伝導相を示す．右図はユニットとなる CuO_2 面の枚数（1 から 5）による相図の違いを示す．

がっており，しかもアンダードープ領域では反強磁性秩序と超伝導が共存するという予想になっている．ここでいう共存とは，反強磁性秩序相の領域と超伝導領域がミクロな相分離を起こしているのでなく，"均一" に共存していることが主張されている．NMR から予想されているもう 1 つの多層系の特徴は，ドープする前の絶縁体反強磁性が微量のホールドープで性格を変え，金属的な反強磁性秩序状態になることである．このことは，電気伝導の測定から従来考えられていたような，絶縁体・金属転移とともに超伝導が出現するのでなく，常伝導金属相がアンダードープ領域でも存在する可能性を示唆しており，超伝導の起源について新しい知見を与えることになる．多層系で得られた超伝導・磁気相図とこれまでの相図の違いは，どう解釈できるだろうか？ これが今後の大きな研究課題の 1 つである．そのためには，LSCO 系や Y 系で単結晶を用いて行われた系統的かつ詳細な実験が，多層系でも必要となる．残念なことに，この系では単結晶試料作成が困難で，現在 NMR のみで，磁性と超伝導の共存状態が議論されている．そのため，どのような磁気構造や磁気揺らぎと超伝導が共存しているかなど，中性子などによる磁気秩序と磁気励起の研究が大変重要

である.

2.4.3 鉄系超伝導体の超伝導・磁性相図

この系は銅酸化物超伝導体と異なり,キャリアドープしなくても金属(もしくは半金属)である.そのため,相図の横軸のドープ量は,絶縁体にキャリアを入れていくドーピングではなく,もともとあったキャリアの量を変える(つまりフェルミ面の大きさを変化させる)という意味合いがある.鉄系超伝導体でも銅酸化物超伝導体と同様に,超伝導と磁性の関係が大きな問題となっている.つまり図 2.24 の様々な系の相図[24-27]に共通しているように,多くの場合,ドープする前の母物質では,図 2.25 のような反強磁性長距離磁気秩序が現れる.また鉄系で特徴的なのは,共通して T_N の少し高温側で構造相転移が起こることである.

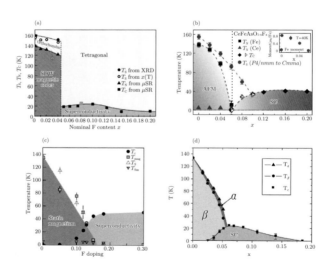

図 2.24 様々な鉄系超伝導体の超伝導・磁性相図. (a)LaFeAsO$_{1-x}$F$_x$[24]. (b) CaFeAsO$_{1-x}$F$_x$[25], (c) SmFeAsO$_{1-x}$F$_x$[26], (d) Ba(Fe$_{1-x}$Co$_x$)As$_2$[27]. 一番ドープ量の少ない領域が,反強磁性秩序相((d) では β),それよりドープ量の多い相が超伝導相 (SC) を表す.ネール温度の高温側で構造相転移が起こる.

2.4 磁性が関与する新規超伝導体の磁性研究

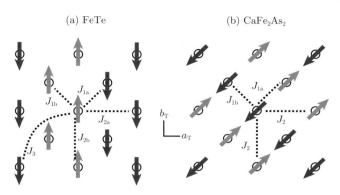

図 2.25 鉄系超伝導体の 2 種類の磁気秩序：(a) FeTe, (b) CaFe$_2$As$_2$. 磁気励起をスピン波モデルで解析する場合に仮定する第 1〜第 3 近接 Fe スピン間の相互作用を示す.

　鉄系超伝導体で最近，高い T_N をもつ絶縁体の母物質が見つかったとの報告がある．また，大変高い T_N の反強磁性相と超伝導相が共存（相分離？）する新物質も見つけられている．鉄系超伝導体に，金属と絶縁体の 2 種類の母物質が存在するのかどうか，銅酸化物と鉄系の超伝導発現機構にミクロな共通点があるのかどうかという点からも，大変興味深い．

　鉄系超伝導体の相図に多バンド効果が最も典型的に相図に見えた例として，また相図作成に，異なる量子ビームの協奏的利用が役立った例として，母物質 LaFeAsO に水素によるキャリアドープした例を取り上げる．LaFeAsO はスピン密度波を示す金属反強磁性体である．水素を置換することで母物質への電子ドープ量が格段に広がり，銅酸化物超伝導体には見られなかった超伝導相の再出現（第二超伝導相）が LaFeAsO$_{1-x}$H$_x$ ($x = 0.2 \sim 0.4$) で発見された[28]．KEK 物構研では，水素置換を更に進めた試料 ($x = 0.40 \sim 0.51$) を用い，ミュオン・中性子・放射光 X 線といった量子ビームを駆使して第二超伝導相よりも高ドープ側にどんな相が存在し，その相と第二超伝導相との関連性を調査した[29]．

　はじめに，中性子粉末回折実験の結果を図 2.26 に示す．電子ドープ量最大の $x = 0.51$ の中性子粉末回折パターンが (a) である．温度変化しない核ブ

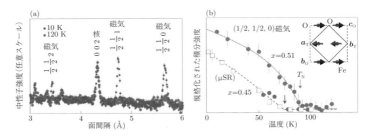

図 2.26 (a) LaFeAsO$_{1-x}$H$_x$ ($x = 0.51$：最大電子ドープ量) の中性子粉末回折パターンに現れる反強磁性磁気ブラッグ反射と核ブラッグ反射[29]．正方晶で反射指数を表記．(b) 第二反強磁性相の $x = 0.51$ と 0.45 における反強磁性ブラッグ反射 (1/2 1/2 0) の積分強度温度変化．$x = 0.45$ については，μSR で評価した磁気秩序変数（□印）を重ねて示す．挿入図は ab 面内における Fe のスピン構造．正方晶 (T) と直方晶 (O) での結晶軸の取り方を実線と破線でそれぞれ示す．

ラッグ反射 (0 0 2) に加えて，温度変化する反強磁性ブラッグ反射 (1/2 1/2 n)($n = 0, 1, 2$) が現れる．つまり，第二超伝導相より高ドープ側に，第二の反強磁性相が存在する．(b) に示すように，第二反強磁性相では ab 面内スピン構造（挿入図）は，母相 $x = 0$ の反強磁性スピン構造（図 2.25 の (b) 型）と異なっている．また電子ドープ量が増えるにつれ，T_N が高くなり，磁気モーメントの大きさも $x = 0.51$ では $1.2\mu_B$/Fe と，$x = 0$ における $0.6\mu_B$/Fe の 2 倍に達する．ドーピングとともに第二反強磁性相では局在性が強く現れるという，銅酸化物では見られない特徴がある．

次に，μSR で求めた第二反強磁性相における磁気体積分率を図 2.27 に示す．磁気体積分率の現れ始める温度が T_N に相当することから，ドーピング量とともに T_N が上昇する (a)．最低温度での磁気体積分率が $x \geq 0.45$ でほぼ 100% に達するのに対し，ドーピング量の少ない $x < 0.45$ では x が小さくなるにつれ低下している．その x 依存性を，帯磁率から求めた超伝導遮蔽体積分率と併せて (b) に示す．$0.40 \leq x < 0.45$ では磁気秩序領域が減るにつれ超伝導領域が上昇することから，反強磁性磁気秩序と超伝導の相分離（空間的に不均一な共存）が考えられる．このような相分離は $x = 0$ 側の反強磁性相と超伝導相の間で見られない[24] ことから，高ドープ側の特徴と言える．

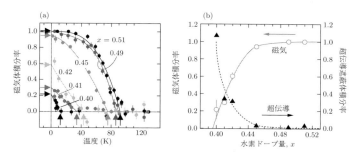

図 2.27 μSR で観測した第二反強磁性相における磁気体積分率[29]：(a) 温度変化, (b) 水素ドープ量 (x) 依存性 (○). 超伝導遮蔽体積分率の x 依存性 (▲) も重ねて示す.

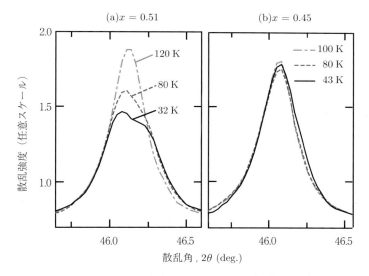

図 2.28 放射光 X 線による (2 2 0) 粉末回折プロファイル (正方晶表記)[29]. $x = 0.51$(a) では $T_s \sim 95$ K からピークが分裂し幅が広がるが，$x = 0.45$(b) におけるピークブロードニングはわずかである.

放射光 X 線回折で観測した結晶構造に関するデータを図 2.28 に示す. (a) は $x = 0.51$ の正方晶 (2 2 0) ブラッグ反射の温度変化である. 高温でシングル

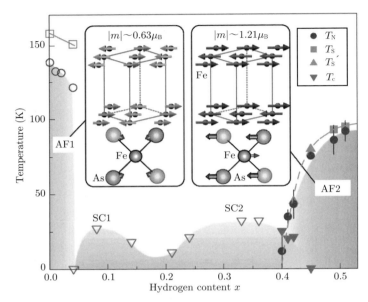

図 2.29 LaFeAsO$_{1-x}$H$_x$ の超伝導,磁性,結晶構造相図[29].AF2(AF1):第二(第一)反強磁性,SC2(SC1):第二(第一)超伝導相.挿入図は,AF1 と AF2 における 2 種類の磁気構造.

ピークだったプロファイルが,温度降下とともに 2 つのピークへ分裂していく.ドープ量の少ない $x = 0.45$ の結果 (b) と比べて,その違いは明らかである.詳細なプロファイル解析から,$x = 0.51$ では高温正方晶から低温直方晶へと構造相転移していることがわかった.なお,ピーク分裂幅の温度変化から求めた構造相転移温度は $T_s \sim 95$ K で,T_N 直上にある.

最終的に得られた相図を図 2.29 に示す.第二超伝導相よりも高ドープ側に第二反強磁性相が出現し,反強磁性相と超伝導相の配置が $x \sim 0.2$ を境とする対称的な配置に見える.T_N が $x = 0.51$ で飽和傾向を示すこと,$x = 0$ の母物質と同様に $x = 0.51$ で構造相転移と磁気相転移が近接していることから,$x = 0.51$ を第二の母物質と推測することができる.キャリアドーピングを進めるにつれ単調に磁性が弱まる銅酸化物との相違が鮮明であり,鉄系超伝導体の多バ

ンド性を反映した結果と考えられる．

2.4.4 超伝導体の磁気励起

前項で述べた相図は，熱力学的に安定な相が，キャリアドープ量と温度の平面上にどのように存在するかを描いたものであり，相図に記述できていないことはいくつかある．例えば超伝導・磁性相図では，超伝導と磁気秩序の関係は見えるが，磁気揺らぎとの関係は見えない．銅酸化物でも，鉄系でも，超伝導相や超伝導状態では銅酸化物多層系の一部の状態を除いては，長距離磁気秩序は消えている．しかし磁気揺らぎは明らかに残っており，それが超伝導に対してどのような影響を及ぼすかということが，超伝導の発生メカニズムにとって重要な課題となっている．そのためには磁気励起の研究が必要となる．この研究には中性子散乱が大きな役割を果たすが，超伝導体の磁気励起状態は，励起エネルギーによって様相が異なるため，広いエネルギー領域での研究が必要となる．パルス中性子散乱はこの目的には強力だが，同時に原子炉中性子を用いた，低エネルギー領域での高い分解能の測定や偏極中性子実験も欠かすことができない．また現状のパルス中性子散乱でも測定困難な，～1 eV 程度，さらに高いエネルギー領域では，最近，共鳴型の高分解能 X 線非弾性散乱が，興味深い磁気励起情報を提供している．

銅酸化銅の磁気励起を見ていこう．図 2.30 に現在中性子散乱で得られている，磁気励起の典型的な結果 4 種類[30-33] を，超伝導–磁性相図の中に入れた．図は，運動量・エネルギー空間での磁気信号の分散関係（電子ドープ型超伝導体については，観測される磁気励起ピーク幅のエネルギー依存性）を示す．銅酸化物ではキャリアドープされていない母物質は絶縁体，特に電子相関によって生じるモット絶縁体となっている．この絶縁体の磁気励起は，典型的な $S = 1/2$ の 2 次元反強磁性体のスピン波として，分散曲線と強度の絶対値やエネルギー依存性は，ほぼ記述できる．その分散曲線から，最近接の Cu スピン間に働く，超交換相互作用 J の大きさを求めることができ，例えば，キャリアドープしない La_2CuO_4 では，J の値は約 132 meV が得られている．これは温度に換算すると約 1500 K 程度であり，この大きな相互作用が，銅酸化物の超伝導

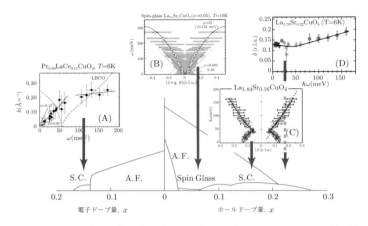

図 2.30 銅酸化物超伝導体の超伝導–磁性相図（図 2.21）の中に，典型的な磁気励起の分散を示す．すなわち左から電子ドープ[30](A)，希薄ホールドープ[31](B)，最適ホールドープ[32](C)，過剰ホールドープ[33](D)．電子ドープ (A) と過剰ドープ (D) では，磁気励起の分散関係は示されていないが，前者ではピーク幅 (κ)，後者では，磁気励起の格子非整合度 (δ) のエネルギー依存性から近似的に読み取れる．すなわち前者では，低エネルギー領域（約 50 meV 以下）では，運動量のエネルギー変化が明瞭だが，高エネルギー側ではエネルギー変化が小さくなる．後者では，最適ドープ (C) と比較して，砂時計的な"くびれ"が不明確になってくる．測定温度は低温領域．

対を作る源になっているのではないかというのが，磁気相互作用に立脚する超伝導機構の原点となっている．では，このような反強磁性絶縁体にキャリアをドープすると何が起こるか？ この変化は，ホールドープ型と電子ドープ型で異なっている．

(a) ホールドープ型

いくつか特徴的な変化が起こる．分散には，～50 meV 以下の低エネルギー領域と 50～150 meV の領域でドーピングの影響が見える．低エネルギー側には，いわゆる砂時計型磁気励起として現れる．ホールをドープした LSCO では，図 2.30(B) に示すように $x = 0.05$ のドーピングで，磁気信号は 2 次元反強磁性の Γ 点 (π, π) からずれ，インコメンシュレート（格子非整合）な位置に変わる[31]．励起エネルギーが高くなると，ずれは小さくなり，$x = 0.16$ では

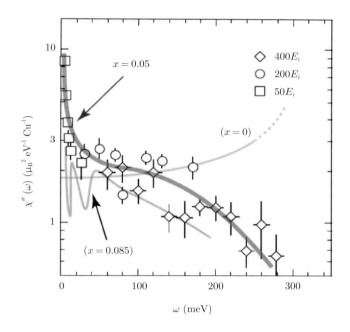

図 2.31　磁気散乱強度から求めた銅酸化物超伝導体の局所動的磁化率 $\chi''(\omega)$ のエネルギー依存性[31]．ホールをドープすると，絶縁体 ($x=0$) と比較して高エネルギー側の強度が大きく減少する．

図 2.30(C) にあるように，40 meV 程度で最小になって，それより高いエネルギー領域では再び広がる[32]（そのため分散が砂時計のような形状になる）．40〜160 meV 領域の分散は，絶縁体のスピン波分散が，ホールドープにより J が減少し，緩やかになったように見える．例えば，図 2.30(C) にあるように，$x=0.16$ の超伝導体では，$J\sim 73$ meV と見積もられている．ホールをさらに過剰にドープし，超伝導が弱くなると，砂時計型分散の形状が変化する．すなわち，図 2.30(D) にあるように，砂時計のくびれがはっきりしなくなり，寸胴型あるいは，煙突型になる．

ドーピングの影響は，分散だけでなく強度にも現れる．図 2.31 に示すよう

に，運動量空間で積分した磁気信号強度のエネルギー依存性は絶縁体のスピン波（図 2.31 の $x = 0$ に対応する曲線）と比較して，ドープされた試料では，高エネルギー側であきらかに減少している[31]．このような減少の理由として，反強磁性におけるストーナー励起が考えられる．つまり，強磁性 Fe の磁気励起で見えたように，高エネルギー側でストーナー励起の連続帯に入ると，スピン波を形成する電子のバンド間遷移によりスピン波は不安定となり，エネルギー幅が急速に広がるため，磁気励起信号の観測が困難になる可能性がある．

(b) 電子ドープ型

電子ドープ超伝導は，Nd_2CuO_4 や Pr_2CuO_4 などの 214 系の，いわゆる T' 型構造の例しかないが，磁気励起のドーピング効果はホール型とは大きく異なる（図 2.30(A)）．ドーピングしない反強磁性状態では，ホール型と同じ 2 次元反強磁性のスピン波で記述でき，高エネルギー磁気励起の分散関係から求めた J の大きさも 140 meV 程度で，ホール型と同程度である．電子をドープしても，磁気励起信号位置は，(π, π) で変わらず，ホール型のような，インコメンシュレートな位置にずれない．すなわち，砂時計型の分散にはならない．ドーピングの効果は，低エネルギー領域（〜50 meV 以下）では，磁気ピークの幅が増加し，これをスピン波として解釈すると，J の減少が予想される．しかし，50 meV 以上では，ピーク幅の変化はわずかになり，スピン波を仮定すれば，分散は急峻になり，J がドーピングにより増加するという異常な状況が予想される（分散全体の形状としては，鉛筆型とも言える）．電子ドープで分散が急峻になるという結果は，最近の RIXS でも得られているが，その励起ピークのエネルギー幅が大きく，単純なスピン波として解釈していいのか，まだ最終的には決着していない．

電子ドープで起こる急峻な磁気分散，あるいは鉛筆型磁気励起と，2.3 節に紹介された Cr や $Mn_{3-x}Fe_xSi$ などの金属反強磁性体で観測されるチムニー型磁気励起との関連は興味深い．つまり，電子ドープ型はドーピングによって，局在磁気モーメントが消失した金属反強磁性体と同じような磁気励起に変化する可能性がある．一方で，ホール型は，最近の RIXS の研究では，高エネルギー領域の磁気励起がホール濃度にあまり依存しない．つまり，モット絶縁体の 2 次元反強磁性体のエネルギースケールがドーピングによらず，局在磁気モーメ

ントは広いドープ量領域で残っている可能性がある．しかしこの場合でも，その励起ピークのエネルギー幅が大きく，単純なスピン波として解釈していいのかよくわからない．スピン間の相関距離が，最近接のスピン間距離程度の場合に，長距離秩序を示す系と同様な分散を示すのかどうか，今後の研究が必要である．また，このようなホール型と電子型の違いが何故起こるのかはよくわかっていないが，キャリアドープしない電子型 T' 構造の基底状態がモット絶縁体かどうかという最近の議論と関係があるかも知れない．

(c) 鉄系

鉄系超伝導体の磁気励起も様々な系で研究されている．この系は多バンド系としての複雑さはあるが，金属反強磁性体や，銅酸化物のように，磁気励起の特徴から，やはり 2 種類の系に大別される．すなわち，(a) スピン波的な分散が明瞭に観測され，その分散からハイゼンベルグモデルでスピン間の磁気相互作用が抽出できる系と，(b) 従来型のスピン波では解釈が困難な，高エネルギー側で，チムニー型磁気励起を示す系とに大別される．それぞれの例を図 2.32 と 2.33 に示す．(a) 型として $CaFe_2As_2$[34] を，(b) 型として $FeTe_{1-x}Se_x$[35] の例を示す．前者では，得られた 3 方向の分散関係をハイゼンベルグモデルで再現し，磁気相互作用 J が得られる．Fe-As 面内の最近接 J の異方性がこの系の大きな特徴となっている．(b) 型はこれとは様相が大きく異なり，100 meV 以下でインコメンシュレートな位置にあった磁気励起が 100 meV 以上で $(1, 0)$, すなわち (π, π) を中心とした幅広い励起になる[4]．2.3.3 項 (b,c) で述べたように，この高エネルギー側の分散は，Cr などに見られるチムニー型分散と似ている．$FeTe_{1-x}Se_x$ の磁気励起で特徴的なことは，図 2.33 からもわかるように，分散の形状は超伝導相でも，磁気相でも大変似かよっている点である．

(d) 超伝導体の磁気励起の特徴

超伝導体の磁気励起の特徴は，金属反強磁性体と類似点があることを示したが，では超伝導相にのみ現れる特徴は何だろうか？ 銅酸化物と鉄系，さらにはこの 2 章では触れなかったが希土類系にも共通する特徴的なものとしては 1)

---

[4] $Fe_{1.05}Te$ の中性子散乱の 200 meV 以下の結果を，従来型のスピン波として解釈するグループもいるので，150〜300 meV のエネルギー領域で，より詳細な研究が必要である．

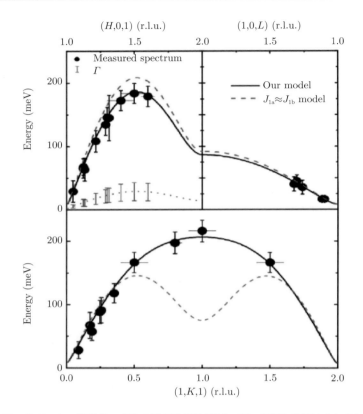

図 2.32 CaFe$_2$As$_2$ 単結晶 3 方向の磁気励起分散[34]．図の実線と破線はそれぞれハイゼンベルグモデルで，最近接 (J_1)，第 2 近接 (J_2) の相互作用を図 2.25(b) のようにとった場合の 2 種類の計算結果．J_1 の大きさに異方性のあるモデルのほうが実験値をよく説明する．

磁気励起のエネルギーギャップと，2) いわゆる共鳴ピークがある[5]．この特徴を実験データをもとに図示したのが図 2.34 である[36]．1) のエネルギーギャップと 2) の共鳴ピークは，超伝導状態で現れる．これらの超伝導相特有の磁気

---

[5] ただし系によっては，それらが見えない場合もあり，その原因についてもいろいろな議論がある．

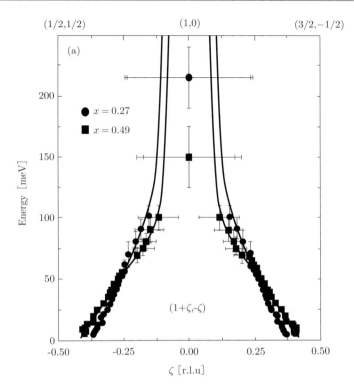

図 2.33　$FeTe_{1-x}Se_x$ の磁気励起分散[35]．反強磁性体 ($x=0.27$) と超伝導体 ($x=0.49$) で磁気励起の分散はよく似ている．およそ 100 meV 以上では分散は明瞭でなくなる．

励起は低エネルギー領域で見られる．図の 3 種類の $\chi''(\omega)$ のうち，低温での鋭いピークが共鳴ピークで，それより低エネルギー側がギャップ状態である ($BaFe_{1.9}Ni_{0.1}As_2$)．この超伝導体の温度を上げ常伝導体にすると，このピークとエネルギーギャップ状態は消失する（図の点線）．なおもう 1 つの実線は，反強磁性体 $BaFe_2As_2$ の反強磁性状態の磁気励起を示す．この場合には面内の磁気異方性に起因するエネルギーギャップが，ネール温度以下で観測される．興味深いのは，100 meV 以上の高エネルギー側で，反強磁性秩序を示さない超伝

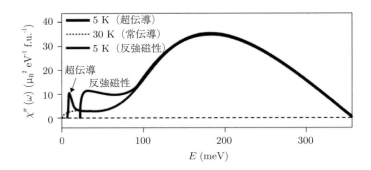

図 2.34 BaFe$_2$As$_2$ 系の超伝導状態 (BaFe$_{1.9}$Ni$_{0.1}$As$_2$: $T = 5$ K $< T_c$) と常伝導状態 (BaFe$_{1.9}$Ni$_{0.1}$As$_2$: $T = 30$ K $> T_c$) および反強磁性状態 (BaFe$_2$As$_2$: $T = 5$ K $< T_N$) の局所動的磁化率のエネルギースペクトラム．T_c 以下から~8 meV に鋭いピーク（共鳴ピークと呼ばれる）が発達し，その直下にエネルギーギャップが開く．反強磁性状態では，異方性によるエネルギーギャップが T_N 以下で開く．

導状態と常伝導状態の磁気励起が，超伝導を示さない反強磁性相の磁気励起とほとんど一致していることである．このことから何が言えるだろうか？ 1つには，超伝導体では，超伝導状態でも常伝導状態でも，反強磁性相と同様な高エネルギー磁気励起状態が存在しているということ．その次には，超伝導状態では，低エネルギー領域に，磁気励起状態の存在しないエネルギー領域（スピンギャップ）が生じる．そして3番目には，そのスピンギャップのエネルギー直上に鋭いピーク（共鳴ピーク）が現れる．

2.4.5 超伝導と磁気秩序の"共存"

磁性が関与する新奇超伝導体の研究に関して，今後明らかにすべき大きな課題の1つが超伝導と磁気秩序の"共存"である．銅酸化物や鉄系をはじめ，多くの超伝導体では，磁気秩序を示す相と超伝導相とが"共存"する場合が多い．この場合の共存とはどのような状態と考えるべきなのか？ 多くの場合，実はよくわかっていない．一般に2つの異なる性質をもつ相が"共存"する場合に，放射光や中性子あるいはミュオンなどで何が見えるか，それが手段によってど

のように異なるかを考えよう．

そもそも共存や分離には以下に示すように様々な場合があり，曖昧さがある．

1) A相とB相が巨視的に共存（分離）している
2) A相とB相がミクロに共存（分離）している
3) site-selective な共存（結晶構造の各部分によって性質が異なる）
4) 軌道選択的共存（異なる軌道状態の共存）
5) 同一軌道の電子による異なる性質の共存状態

ある試料の中が，1)の状態だった場合，試料に入射する量子ビームの広がりが，各相の大きさより大きい場合には，2つの状態（例えば，異なる2つの構造回折パターン）が同時に見えてくるのは自明である．この場合にビームの径を絞っていくと1種類の状態が見えるだろう．しかし，共存（あるいは分離）が，2)のようにミクロなスケール（例えばナノメーター程度の領域）で起こっている場合には，通常のビーム径では分離することが難しい．銅酸化物超伝導体では，このようなスケールの共存（あるいは分離）状態が問題となっている．しかも，このような共存状態が時々刻々揺らいでいる場合は，その分離はさらに難しくなり，その揺らぎの時間内でストロボ的に情報を得る必要がある．第3世代以上の放射光源や自由電子レーザーを用いて，局所構造のストロボ測定が最近行われ始めてきた．

2相の温度や磁場変化に相関があるかどうかが共存の条件とされることがある．例えば，図 2.35 のように，磁気秩序相からの磁気ブラッグ反射強度が，超伝導転移温度 T_c を境に減少する場合がある[37]．しかしこのことから，超伝導相と磁気秩序相が均一に共存していると断言できるだろうか？ 答えは否である[6]．例えば，磁気秩序と超伝導が競合していれば（ほとんどの場合がそうだが），2)のようなミクロ分離の場合には，温度低下とともに，超伝導相が，高温側の磁気秩序相を"浸食"し，両者の体積変化に相関が観測されることが予想される．ミュオン分光では，もしミクロ相分離が起こっており，ミュオンが結晶内で磁気秩序相と超伝導相の2つにランダムにトラップされると予想される

---

6) 逆に磁気ブラッグ反射強度が，超伝導転移温度以下で増加する場合には，均一な共存状態を考える必要があるだろう．ただし著者は，このような例を知らない．

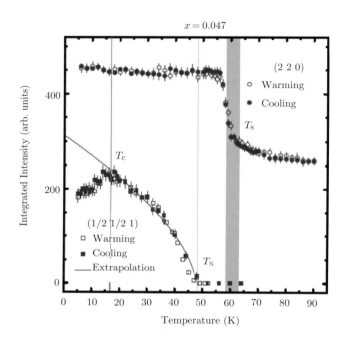

図 2.35 $BaFe_{0.953}Co_{0.047}As_2$ の超格子反射 (2 2 0) と磁気反射 (1/2 1/2 1) 強度の温度変化[37]. 超伝導転移温度 (T_c) 以下で, 磁気反射強度の減少が起こる.

ときは[7], 内部磁場を感じるミュオン信号の割合から, 磁気秩序相の体積分率が求まる. 実際, 鉄系超伝導では, ミュオン実験結果は, 両者は均一な共存でなく, 2) のような"島状超伝導"の集合を予想している.

3) の例として, 例えば銅酸化物は層状構造をしているので, 超伝導相でも CuO_2 面を挟むブロック層が磁気秩序する物質がある. Y 系の Y を磁気モーメントをもつ Dy や Tb に置き換えた系や, RB_2C_2 系の超伝導体 (R:希土類イオン) などでこのことが起こる. この場合には中性子ビームで, ブロック層や希

---

[7] 磁気秩序相と超伝導相がそれぞれ結晶の特定な場所で起こり, ミュオンがトラップされる確率がそれぞれで異なる場合には, このような単純な考えはあてはまらない.

土類磁性イオンからの磁気反射を選択的に観測できる．他の例としては，磁気秩序が，スピン密度波の場合などで，磁気秩序内で磁気モーメントの大きさが小さな部分に，超伝導相が現れ，両相が空間的に秩序を保ち"すみ分け"をしている状態である．このような例としては，鉄系超伝導の $SrFe_2As_2$ や NaFeAs による NMR の研究がある．またホール型銅酸化物超伝導体で見られるインコメンシュレートな短距離磁気秩序（ストライプ秩序）でも同様なことを予想する人もいるが，実験的にはまだ確定していない．

4) も考えられる．例えば同じ d 電子でも，異なる軌道状態にある電子が，異なる物性を示す場合である．鉄系超伝導体ではこのようなことが起こると考えられている．2.4.3 項で示された水素ドープの LaFeAsO 系に見られる 2 つの超伝導ドームや 2 種類の磁気秩序相は，ドーピングにより，ドープされたキャリアが異なるバンドに入ることで，性質の異なる超伝導や磁気秩序を示すためではないかとの解釈がある．ただしこの場合に，性質の異なる超伝導や磁気秩序が共存（あるいはミクロ分離）するのか否か，実験的にもあきらかになっていないと思われる．

一般的な意味での共存状態は，5) の場合だろうか？ 銅酸化物では，$d_{x^2-y^2}$ 的性格の軌道にある d 電子が磁気揺らぎと超伝導を担っていると考えられている．この場合には，異なる性質を示す電子は，その運動状態（運動量空間やエネルギー空間）で区分けが起こっていると考えられている．

2.5　量子ビームを用いた伝導と磁性の相関研究の将来

2.5.1　量子ビームによる多面的研究

すでに少し触れたが，最近，分散をもつ磁気励起が，磁性元素の L 吸収端の RIXS で観測されていて，銅酸化物超伝導体の絶縁体相や 1 次元反強磁性体 $SrCu_2O_3$ で，中性子非弾性散乱で得られた分散とほぼ完全に一致するという結果がでた．しかしホールドープ系銅酸化物の金属状態（超伝導相）では，RIXS が 300 meV 程度の領域で，分散もドープ量に余り依存しない信号を観測している一方，中性子散乱では，ドープ量によって分散が緩やかになること

が 100 meV 程度のエネルギー領域の信号から予想され，両者が同じ物理量を観測しているのかどうかが問題となっている．多分この問題は，局所的な磁気交換相互作用 J_{loc} と磁気揺らぎから得られる平均的な相互作用 J_{eff} とも関係している可能性があり，より定量的な研究から，P. W. Anderson の，「銅酸化物超伝導に接着剤（グルー）は必要か？」という問いかけに答えが出せるのかも知れない．この問題を解決するには，両方の手段の"同じ土俵"を設定する必要がある．すなわち，RIXS では更なる高分解能化を行い[8]，中性子散乱と同程度の低エネルギー領域を調べる．一方，中性子散乱では，更なる高強度化などにより，高いエネルギー領域の信号を調べる必要がある．例えば，Y 系や LSCO 系や鉄系超伝導体などで観測されている"共鳴ピーク"や，多くのホールドープ銅酸化物系で観測されている砂時計型磁気励起分散が，RIXS でどのように観測されるか，あるいは Y 系や LSCO 系などで RIXS が観測している，ドープ量に余り依存しない磁気励起分散が中性子で観測できるのかどうかなど，2 つの手法で定量的に比較することが可能になる．

さらに，ARPES から得られるバンド構造，あるいは 1 電子励起の信号から，磁性に関する信号を引き出し，これと中性子や X 線から得られる情報を比較することも興味深い．ここでは光電子分光法で得られるバンド構造から磁気励起の二体相関を議論することで何がわかるかを考える（これらは，現在ホットな議論が行われている話題なので，将来どのような方向に進むかを，興味があれば自分で追跡してもらいたい）．そもそも 1 電荷励起の情報から何故二体相関の情報が得られるのか，概念的に理解したい．この答えは，すでに 2.3.1 項 (b) で説明された，フェルミ面のネスティングによるスピン密度波の安定化と関係する．

ARPES の Auto correlation(AC) は，実験で得られる ARPES 強度 $I(\boldsymbol{k},\omega)$ の運動量・エネルギー空間のエネルギーを固定して，波数の違いが $\boldsymbol{q}$ の 2 点のデータの積（その和）を求める．つまり $C(\boldsymbol{q},\omega) = \sum_{\boldsymbol{k}} I(\boldsymbol{k}+\boldsymbol{q},\omega)I(\boldsymbol{k},\omega)$.

$$I(\boldsymbol{k},\omega) = I_0(\boldsymbol{k},v,A)f(\omega)A(\boldsymbol{k},\omega) \qquad (2.1\ \text{再掲})$$

---

[8] アメリカブルックヘブン研究所に建設された新しい放射光源 NSLS-II には，エネルギー分解能 15 meV の RIXS の装置が建設され，2016 年の稼働を目指している．

$$A(\boldsymbol{k},\omega) = -\frac{1}{\pi}\frac{\sum''(\boldsymbol{k},\omega)}{\left[\omega - \varepsilon_{\boldsymbol{k}} - \sum'(\boldsymbol{k},\omega)\right]^2 + \left[\sum''(\boldsymbol{k},\omega)\right]^2}. \quad (2.2\,再掲)$$

$I(\boldsymbol{k},\omega)$ の中には，1 粒子スペクトル関数 $A(\boldsymbol{k},\omega)$ が含まれており，これを考慮すると，$\omega = 0$ の場合が，スピン密度波で議論した，フェルミ面のネスティングに相当する．つまり ARPES の AC 法，あるいはバンド構造をもとにした理論計算が行っていることは，1 電子励起の情報（バンド構造）をもとに，運動量・エネルギー空間内の二体相関（磁気励起の場合はスピン相関）の強さを計算しており，エネルギー軸も取り込んだ，拡張フェルミ面ネスティングと解釈できる．

では，ARPES の AC 法，あるいはバンド構造をもとにした理論計算と，中性子や RIXS で得られる磁気励起を比較する意味はどこにあるだろうか？ 説明する前に，この比較の一例を図 2.36 に示す．超伝導状態では中性子散乱 (a) と理論計算 (c) は定性的には似ているが，常伝導状態 (b, d) では両者は大きく異なっている[38]．このような違いが何故起こるかということを，理解するのが重要である．なおこの比較は，エネルギーが 60 meV とかなり低エネルギー領域だけで行われているが，先に述べたように RIXS の結果と比較するのは，400 meV 程度のエネルギー領域の情報が必要である．では，何故このような違いが出るのだろうか？ 1 つの理由として，局在磁気モーメントの存在が考えられる．つまりバンド計算では記述できない局在磁気モーメントがあれば，例えば高エネルギー側に T_c の上下で残る分散をもつ実験の磁気励起 (a, b) は理解できる．

もう 1 つの将来の方向性としては，ARPES，X 線散乱または中性子散乱などの位相空間を探査する手法と STS(Scanning tunneling spectroscopy)[9] などの実空間の走査法との情報比較である．AC 法と，STS の結果をフーリエ変換し位相空間に焼き直した比較から電荷励起の二体相関の議論はすでに行われている．この方向性と関連して，将来の放射光による研究の可能性について触れたい．次世代の放射光源は，今後ますます高輝度化と短パルス化することが

---

[9] 本書では詳しく説明できないが，実空間で原子を識別した分光法で，原子配列のみならず，最近では電荷の秩序やエネルギー状態に関する情報が得られている．興味があれば自分で調べて欲しい．

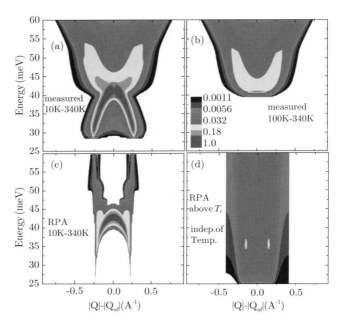

図 2.36 Y系 ($T_c \sim 90$ K) の中性子散乱による磁気励起強度(上図,左が超伝導状態,右が T_c 以上の常伝導状態)と,バンド計算による結果(下図,左が超伝導状態,右が常伝導状態)[38].

考えられる.空間的には nm 領域を,時間的には femto 秒領域を分解できるようになるかもしれない.このような状況が実現すると,磁気励起も,現在のエネルギー・波数空間だけでなく,実空間・実時間で磁気励起を研究できるようになるかもしれない.そのような場合に,両者のデータ比較から,我々はどのような新しい知見が得られるのだろうか?

2.5.2 新規機能性材料探索のための量子ビーム

最後の提案は,量子ビームを用いた物性分光法は機能性(物質)探索に利用できないだろうかというものである.これは物性分光法が,磁化や電気伝導性

のような，バルク物性をどのように認識できるか？ という問題でもある．今までは磁化や電気伝導度を測定し，強磁性体や超伝導体を認識してきたが，これからの，室温超伝導なども含む新奇な物性は，当初は不均質な材料として局所的に現れる可能性が高い（むしろ新奇な物性自身が不純物相である場合が多い）．室温超伝導体は，作るのも難しいが，その探索も難しいことが予想される．そのような場合，欲しい信号が，新奇な物性を示す相以外の信号に隠されてしまう可能性もある．このような場合，狙った相の励起状態を測定することで，磁化や電気伝導の測定以外で，その相の物性を特定する必要がある．例えば，中性子，放射光，ミュオンは超伝導状態（物質中に局所的に存在する室温超伝導体）など未知の超伝導を発見できるだろうか？ 偏極中性子の超伝導相における depolarization（中性子スピンの"マイスナー効果"）や，ミュオンによる超伝導磁束が作る磁場分布の検知などがそれに相当するかも知れない．将来，これらのビームを 10 nm 程度まで絞れれば，このようなことができるかも知れない．

2.6 まとめ

　伝導と磁性の相関に関する研究が何故難しいのか，また様々な量子ビームの手段がどのような情報を引き出し，どのような役割分担をもっているのかということを，二体相関研究を中心に説明した．それを踏まえて，最近の量子ビーム実験技術の大きな進展により，Fe や Cr など古くから研究されている金属磁性体（強磁性体と反強磁性体）や，同じ金属磁性体であるが，銅酸化物と鉄系超伝導体の反強磁性磁気励起の全体的描像や，その詳細がようやく見え始めてきたことをいくつかの例で示した．特にこの第 2 章では，これら磁気励起が，定性的あるいは直感的にどのように理解できるかという立場で，これら実験事実の説明を試みた．例えば，磁気励起を通して見た，金属強磁性体と金属反強磁性体の本質的な違いや，遍歴性の強い反強磁性体に共通して観測される高いエネルギースケールをもつ磁気励起（チムニー型磁気励起と呼んだ）など，伝導と磁性の相関，あるいは磁性の局在性と遍歴性の狭間を研究する難しさや面白さを，できる限りわかりやすく説明したつもりだが，その説明が的をえたもの

かどうか，また目的が適ったかどうか自信はない．将来，理論との連携や，更なる量子ビーム実験技術の進展と，異なる量子ビームの協奏的利用の拡大により，より正確で定量的な理解が進むものと期待される．

参 考 文 献

[1] 那須奎一郎，澤博，門野良典：『物質科学の基礎』 KEK 物理学シリーズ第 5 巻（共立出版，2012）．

[2] 門野良典，足立伸一，小野寛太，稲田康宏，伊藤晋一，鬼柳善明，大友季哉，兵藤俊夫：『量子ビーム物質科学』 KEK 物理学シリーズ第 6 巻（共立出版，2013）．

[3] L. J. Ament, M. V. Veenendaal, T. P. Devereaux, J. P. Hill, and J. V. D. Brink, Rev. Mod. Phys. **83**, 705 (2011).

[4] A. Ino, Dr. Thesis (1999), Dep. Physics U. Tokyo.

[5] T. Yoshida, Dr. Thesis (2001), Dep. Physics U. Tokyo.

[6] T. Moriya: *Spin Fluctuations in Itinerant Electron Magnetism* (Springer-Verlag, Berlin Heidelberg New York Tokyo, 1985).

[7] Y. Noda and Y. Ishikawa, J. Phys. Soc. Jpn. **40**, 690 (1976).

[8] Y. Kubo, S. Ishida, and J. Ishida, J. Phys. Soc. Jpn. **50**, 47 (1981).

[9] H. A. Mook and R. M. Nicklow, Phys. Rev. B **7**, 336 (1972).

[10] D. M. Paul, P. W. Mitchell, H. A. Mook, and U. Steigenberger, Phys. Rev. B **580**, 336 (1988).

[11] J. A. Blackman, T. Morgan, and J. F. Cooke, Phys. Rev. Lett. **55**, 2814 (1985).

[12] M. Kohgi and Y. Ishikawa, J. Phys. Soc. Jpn. **49**, 985 (1980).

[13] E. Fawcett, Rev. Mod. Phys. **60**, 209 (1988).

[14] T. Fukuda, Y. Endoh, K. Yamada, M. Takeda, S. Itoh, M. Arai, and T. Otomo, J. Phys. Soc. Jpn. **65**, 1418 (1996).

[15] Y. Endoh and P. Böni, J. Phys. Soc. Jpn. **75**, 111002 (2006).

[16] Y. Endoh, T. Fukuda, K. Nakajima, and K. Yamada, J. Phys. Soc. Jpn. **66**, 1615 (1997).

[17] J. R. Lowden, P. W. Mitchell, S. Itoh, Y. Endoh, and T. G. Perring, J. Mag. Mag. Mater. **140-144**, 1971 (1995).

[18] K. Sugimoto, Z. Li, E. Kaneshita, K. Tsutsui, and T. Tohyama, Phys. Rev. B **87**, 134418 (2013).

[19] S. Tomiyoshi, Y. Yamaguchi, M. Ohashi, E. R. Cowley, and G. Shirane, Phys. Rev. B **36**, 2181 (1987).

[20] R. J. Birgeneau, C. Stock, J. M. Tranquada, and K. Yamada, J. Phys. Soc. Jpn. **75**, 111003 (2006).

[21] 足立匡, 小池洋二, 「固体物理」**49**, 333 (2014).

[22] Ch. Niedermayer, C. Bernhard, T. Blasius, A. Golnik, A. Moodenbaugh, and J. I. Budnick, Phys. Rev. Lett. **80** (1998) 3843.

[23] H. Mukuda, S. Shimizu, A. Iyo, and Y. Kitaoka, J. Phys. Soc. Jpn. **81**, 011008 (2012).

[24] H. Luetkens, H. -H. Klauss, M. Kraken, F. J. Litterst, T. Dellmann, R. Klingeler, C. Hess, R. Khasanov, A. Amato, C. Baines, M. Kosmala, O. J. Schumann, M. Braden, J. Hamann-Borrero, N. Leps, A. Kondrat, G. Behr, J. Werner, and B. Böchner, Nature Mater. **8**, 305 (2009).

[25] J. Zhao, Q. Huang, C. de la Cruz, S. Li, J. W. Lynn, Y. Chen, M. A. Green, G. F. Chen, G. Li, Z. Li, J. L. Luo, N. L. Wang, and P. Dai, Nature Mater. **7**, 953 (2008).

[26] A. J. Drew, Ch. Niedermayer, P. J. Baker, F. L. Pratt, S. J. Blundell, T. Lancaster, R. H. Liu, G. Wu, X. H. Chen, I. Watanabe, V. K. Malik, A. Dubroka, M. Rössle, K. W. Kim, C. Baines, and C. Bernhard, Nature Mater. **8**, 310 (2009).

[27] J. -H. Chu, J. G. Analytis, C. Kucharczyk, and I. R. Fisher, Phys. Rev. B **79**, 014506 (2009).

[28] S. Iimura, S. Matuishi, H. Sato, T. Hanna, Y. Muraba, S. W. Kim, J. E. Kim, M. Takata, and H. Hosono, Nature Commun. **3**, 943 (2012).

[29] M. Hiraishi, S. Iimura, K. M. Kojima, J. Yamaura, H. Hiraka, K. Ikeda, P. Miao, Y. Ishikawa, S. Torii, M. Miyazaki, I. Yamauchi, A. Koda, K. Ishii, M. Yoshida, J. Mizuki, R. Kadono, R. Kumai, T. Kamiyama, T. Otomo, Y. Murakami, S. Matsuishi, and H. Hosono, Nature Phys. **10**, 300 (2014).

[30] M. Fujita, M. Matsuda, B. Fak, C. D. Frost, and K. Yamada, J. Phys. Soc. Jpn. **75**, 093704 (2006).

[31] M. Fujita, H. Hiraka, M. Matsuda, M. Matsuura, J. M. Tranquada, S. Wakimoto, Guangyong Xu, and K. Yamada, J. Phys. Soc. Jpn. **81**, 011007 (2012).

[32] B. Vignolle, S. M. Hayden, D. F. McMorrow, H. M. Rønnow, B. Lake, C. D. Frost, and T. G. Perring, Nature Phys. **3**, 163 (2007).

[33] O. J. Lipscombe, S. M. Hayden, B. Vignolle, D. F. McMorrow, and T. G. Perring, Phys. Rev. Lett. **99**, 067002 (2007).

[34] J. Zhao, D. T. Adroja, D. -X. Yao, R. Bewley, S. Li, X. F. Wang, G. Wu, X. H. Chen, J. Hu, and P. Dai, Nature Phys. **5**, 555 (2009).

[35] M. D. Lumsden, A. D. Christianson, E. A. Goremychkin, S. E. Nagler, H. A. Mook, M. B. Stone, D. L. Abernathy, T. Guidi, G. J. MacDougall, C. de la Cruz, A. S. Sefat, M. A. McGuire, B. C. Sales, and D. Mandrus, Nature Phys. **6**, 182 (2010).

[36] P. Dai, J. Hu, and Elbio Dagotto, Nature Phys. **8**, 709 (2012).

[37] D. K. Pratt, W. Tian, A. Kreyssig, J. L. Zarestky, S. Nandi, N. Ni, S. L. Bud'ko, P. C. Canfield, A. I. Goldman, and R. J. McQueeney, Phys. Rev. Lett. **103**, 087001 (2009).

[38] D. Reznik, J. -P. Ismer, I. Eremin, L. Pintschovius, T. Wolf, M. Arai, Y. Endoh, T. Masui, and S. Tajima, Phys. Rev. B **78**, 132503 (2008).

参 考 図 書

A）本章に関する磁性の教科書として以下のようなものがある．
・芳田奎：『磁性』（岩波書店, 1991）．
・金森順次郎：『磁性』（培風館, 1969）．
・守谷 亨：『磁性物理学』(物理の考え方 (1)) （朝倉書店, 2006）．
・長岡洋介, 安藤恒也, 高山 一：『局在・量子ホール効果・密度波』岩波講座 現代の物理学 18（岩波書店, 1993）．
・佐藤憲昭, 三宅和正：『磁性と超伝導の物理』（名古屋大学出版会, 2013）．

B）本章に関する測定法についての教科書的なものとして例えば以下のようなものがある．
・小林浩一：『光物性入門』（裳華房, 1997）．
・高橋 隆：『光電子固体物性』シリーズ〈現代物理学［展開シリーズ］〉（朝倉書店, 2011）．
・小林俊一：『物性測定の進歩Ⅰ（シリーズ物性物理の新展開）』, 第 1 章 NMR（丸善株式会社, 1997）．
・遠藤康夫：『中性子散乱』朝倉物性物理シリーズ（朝倉書店, 2012）．
・Thomas P. Devereaux, Rudi Hackl: *Inelastic Light Scattering from Correlated Electrons*, Rev. Mod. Phys. **79**, 175 (2007).

C) 超伝導に関しては以下のようなハンドブックや解説をあげるが，進展が早いので，最新情報は個々の論文を読む必要がある．
- 小池洋二：『高温超伝導の理解はどこまで進んだか？－その1　高温超伝導のやさしい理解』，まてりあ　第45巻　第7号（2006）．
- 福山秀敏，秋光純　編集：『超伝導ハンドブック』（丸善, 2009）．

第 **3** 章

エレクトロニクスから
スピントロニクスへ

3.1 エレクトロニクス，磁気記録デバイス開発の歴史

　我々が享受しているエレクトロニクス社会の歴史は 1940 年代後半にショックレー (shockley) が中心となってベル研究所で開発された半導体素子，特にトランジスターの発明に始まる．その後半導体のもつ物理特性を活かす研究開発に始まって，FET，LED，液晶，熱電素子などの固体素子が続々と発明され，これらの素子を組み合わせた整流器，集積回路，記憶記録装置，電子計算機などが組み立てられた．このように家庭用，産業用，交通，通信機器に搭載されたエレクトロニクス機器なしに社会生活を支えることができない時代の到来になったことは説明を要しない．
　半導体は基本的には，電子の詰まった価電子帯と部分的に電子が存在する伝導電子帯の間に電子が存在し得ない禁制帯（エネルギーギャップ）が存在する絶縁体であるが，ギャップが大きくなければ，熱エネルギーや外部からかけられた電場などで価電子帯に正孔（ホール）を残して伝導電子帯に電子を励起することができる．その結果，半導体中に電流が流れる．さらに，この半導体に価数の異なる不純物，例えば 4 価の Si，Ge などの半導体結晶に異なる価数の原子（As，B など）を入れると，これらの不純物は濃度が薄ければ半導体を形成する結晶中の原子と置き換わり，5 価の As は伝導帯に電子を放出する（電子注入）が，逆に 3 価の B は原子結合を保持するように価電子帯から電子を引っ張り込む（ホール注入）作用をする．半導体の定義では前者を n 型，後者を p 型半導体と言う．

注入された伝導の担い手（キャリア）は不純物準位を形成し，自由に結晶中を移動できない特性をもつ．不純物の種類，濃度，あるいは半導体の特性を制御することによってキャリアの制御が可能となる．さらに金属と半導体の間に薄い障壁（バリアー）を通して接合することにより，電場をかけて金属から半導体に電子や正孔を制御して注入し，整流作用や増幅作用さらにトランジスター動作を作り出すことができることも初期に発見された．さらに不純物を結晶中に分散させる技術の導入によって，このような動作原理をさらに飛躍的に増幅する技術がその後の半導体の応用の発展に大きく寄与することになった．

　この章で取り上げるスピントロニクスは電子スピン（磁性）を半導体エレクトロニクスに積極的に利用する新技術であり，半導体の聖地とも言える先進のシリコンバレーを中心に日，欧が参入し，現在世界中でエレクトロニクスの革新技術の開発を激しく競い合っている．すなわちスピントロニクスは磁気と電子が組み合わされた新技術を表す造語である．スピントロニクスの概念の基本となる「スピン流」は後方の節で詳しく触れることにするが，ここでは2つのスピン流があることを紹介する．1つはスピン偏極した電流が結晶中を流れることを指し，もう1つは電流が流れなくてもスピン偏極が結晶中を流れることをさす．この2つのスピン流を制御することが現在のスピントロニクス技術である．

　この節では半導体エレクトロニクスの基本的な物理である，電気伝導，整流作用，トランジスターなどからエレクトロニクスの基本概念を紹介し，この基本動作原理にスピン（磁性）がどう絡んでいるかを説明することにする．

3.1.1 真性半導体の伝導[1]

　図3.1のように熱平衡状態でエネルギーギャップ E_g を飛び越えて伝導帯に N_e 個の電子励起が起こると価電子帯に同数の正孔 N_h が残るので，電場をかけると価電子帯にホール電流 j_h，伝導帯に電（子）流 j_e が流れる．電気伝導度 σ を定義すると，

$$\sigma = |e|(N_e \mu_e + N_h \mu_h). \tag{3.1}$$

上式から電気抵抗 ρ は伝導帯に励起された電子数 N_e に依存することがわか

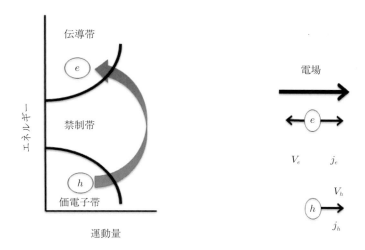

図 3.1 半導体のエネルギーバンド構造と電場中での電子と正孔の運動.

るが，電子励起のエネルギーを E_a とし，$N_e \propto e^{-\frac{E_a}{k_B T}}$ と近似すると次のように書ける．

$$\rho = Ae^{\frac{E_a}{k_B T}} = Ae^{\beta E_a} \qquad \beta \equiv \frac{1}{k_B T}. \tag{3.2}$$

このあとの真性半導体の熱平衡の励起状態から，$E_a = E_g/2$ が導かれるので，

$$\log \rho = \log A + \beta E_g/2 \tag{3.3}$$

が成り立つ．実際，半導体の電気抵抗の温度変化から式 (3.3) を適用すると，E_g が決まることがわかる．

さて，金属の自由電子模型を用いて伝導帯の電子数の計算をしてみよう．電子はフェルミ統計，$f = 1/(e^{\beta(E-E_F)} + 1)$ に従うので，これに従ってフェルミエネルギー（化学ポテンシャル）E_F が導入される．自由電子模型から得られるパラボリックバンドに基づいた伝導帯の電子密度 g_e は次式のように求めら

れる．

$$g_e(E)dE = \frac{1}{2\pi^2}\left(\frac{2m_e}{\hbar^2}\right)^{\frac{3}{2}}(E-E_F)^{\frac{1}{2}}dE. \tag{3.4}$$

この式ではエネルギーの原点は価電子帯の上限にとられている．結局，単位体積あたりの伝導帯に励起される電子数 N_e は次のように決められる．

$$N_e = \int_{E_g}^{\infty} g_e(E)f_e(E)dE = \frac{1}{2\pi^2}\left(\frac{2m_e}{\hbar^2}\right)^{\frac{3}{2}} e^{\beta E_F}\int_{E_g}^{\infty}(E-E_F)^{\frac{1}{2}}e^{-\beta E}dE. \tag{3.5}$$

式 (3.5) の積分を施すと N_e が求められる．

$$N_e = 2\left(\frac{2\pi m_e k_B T}{h^2}\right)^{\frac{3}{2}} e^{-\beta(E_g-E_F)}. \tag{3.6}$$

同様に価電子帯の正孔の数 N_h を見積もることができる．ここでは分布関数 f_h を $f_h = 1 - f_e$ とおく．

$$f_h = 1 - \frac{1}{e^{\beta(E-E_F)}+1} = \frac{1}{e^{\beta(E-E_F)}+1} \cong e^{-\beta(E-E_F)}. \tag{3.7}$$

ここでの仮定は価電子帯上限近傍の正孔も自由粒子と見なすことである．E は価電子帯上限を原点にとって上向きに定義していることに注意を要する．

$$g_h(E)dE = \frac{1}{2\pi^2}\left(\frac{2m_h}{\hbar^2}\right)^{\frac{3}{2}}\sqrt{-E}dE \tag{3.8}$$

$$N_h = \int_{-\infty}^{E_F} g_h(E)f_h dE = 2\left(\frac{2\pi m_h k_B T}{h^2}\right)^{\frac{3}{2}} e^{-\beta E_F}. \tag{3.9}$$

式 (3.6) と式 (3.9) の積をとると，

$$N_e N_h \equiv np = 4\left(\frac{2\pi k_B T}{h^2}\right)^{3} e^{-\beta E_g}. \tag{3.10}$$

真性半導体では $n=p$ である．したがって，式 (3.6) と式 (3.9) が等しいことから，

$$E_F = \frac{1}{2}E_g + \frac{3}{4}k_B T \cdot \log\left(\frac{m_h}{m_e}\right). \tag{3.11}$$

$m_h = m_e$ と書けるならばフェルミエネルギーはバンドギャップの中央に対応することになる．

このように真性半導体の伝導電子数 N_e とフェルミエネルギー E_F が決められる．

3.1.2 不純物半導体の伝導[1]

この節のはじめに述べたように，半導体に注入された，周りの半導体原子と異なる価数を持ち込むわずかの不純物は，結合に寄与しない余分の電子（または正孔）を吐き出す．その結果，不純物原子はイオン化し，吐き出された電子（または正孔）はイオン化ポテンシャルの影響で緩く局在する．この状態を表すと空間的には不純物原子を回る軌道を形成し，エネルギー的には決まった準位（レベル）を作る．簡単な水素原子軌道モデルを仮定すると，軌道とエネルギーが推定できる．吐き出された電子（または正孔）の運動量を p とすると，

$$\oint p dq = nh \quad n \text{ は主量子数} \tag{3.12}$$

$$2\pi(m^* r^2 \omega) = nh. \tag{3.13}$$

不純物軌道のエネルギー (E_i) はポテンシャルエネルギーと運動エネルギーの和である．

$$E_i = -\frac{e^2}{\varepsilon r} + \frac{1}{2}m^* r^2 \omega^2. \tag{3.14}$$

エネルギーの釣り合いの条件から E_i, r が決まる．

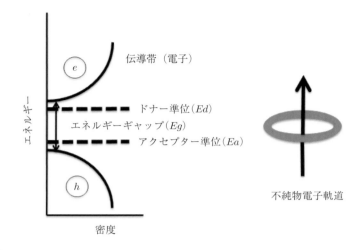

図 3.2 不純物半導体の電子構造と不純物電子軌道.

$$r = \frac{\varepsilon n^2 \hbar^2}{e^2 m^*} \equiv \varepsilon a_o \frac{m}{m^*}, \, a_o = \frac{\hbar^2}{me^2} \quad (3.15)$$

$$E_i = -\frac{e^4 m^*}{2\varepsilon^2 \hbar^2 n^2} = \frac{1}{\varepsilon^2 n^2} \frac{m^*}{m} 13.6 \, \text{eV}.$$

E_i は水素原子の電子軌道 ($n = 1$) と比べると，半導体の静的誘電率 ε による減少分 (ε^{-2}) に，電子質量 m^* の項が相乗されて大幅に小さくなる ($\leq 10^{-3}$). 図 3.2 のように電子を供給する不純物注入 (n 型，ドナー) では伝導帯の下限付近の禁制帯に，電子を捉える不純物注入 (p 型，アクセプター) では価電子帯の上に，各々局在準位を作る．このように不純物に束縛された電子 (正孔) の結合エネルギーは半導体のエネルギーギャップ E_g に比べると非常に小さくなることがわかる．

　ここで不純物半導体のキャリア密度を導くことにする．まず不純物準位の占有密度を計算する必要がある．計算にあたっては不純物は 1 個の電子軌道準位を導入することを前提とする．電子のエネルギーと数が与えられると熱平衡状態での電子の平均数を求める一般式 (3.16) を使ってドナー準位 (アクセプター

3.1 エレクトロニクス，磁気記録デバイス開発の歴史

準位）の占有度を求めることができる．

$$\langle n \rangle = \frac{\sum_j N_j e^{-\beta(E_j - \mu N_j)}}{\sum_j e^{-\beta(E_j - \mu N_j)}} \tag{3.16}$$

ただし，ドナー準位には電子が 2 個以上入らないとする（2 個占められるとクーロン反発力でエネルギーが高くなる）．つまり，空の準位を 1 つと電子が 1 個入る準位（状態数としては 2 つ）を与えればよいことになる．

上式は簡単になって，$\langle n \rangle = \frac{2e^{-\beta(E_d - \mu)}}{1 + 2e^{-\beta(E_d - \mu)}} = \frac{1}{\frac{1}{2}e^{-\beta(E_d - \mu)} + 1}$ となるので，

$$n_d = \frac{N_d}{\frac{1}{2}e^{\beta(E_d - \mu)} + 1}. \tag{3.17}$$

アクセプター準位は電子が 1 または 2 個入るが，2 電子が入る状態は 1 電子状態よりも ε_d だけエネルギーが高くなることを考慮して式 (3.16) を計算すると，

$$\langle n \rangle = \frac{2e^{\beta\mu} + 2e^{-\beta(E_d - 2\mu)}}{2e^{\beta\mu} + e^{-\beta(E_d - 2\mu)}}.$$

アクセプター準位にいる正孔の数は，準位が保持できる数の最も多い数（2 個）からの差で与えられることになるから，$\langle p \rangle = 2 - \langle n \rangle, p_a = N_a \langle p \rangle$ として，

$$p_a = \frac{N_a}{\frac{1}{2}e^{\beta(\mu - E_a)} + 1}. \tag{3.18}$$

ここまでの導出で，不純物半導体の熱平衡状態でのキャリア密度の計算の準備が整った．なお，フェルミエネルギー E_F あるいは化学ポテンシャル μ が定義されているが，これらは同じものである．今，n 型半導体 $(N_d > N_a)$ を考える．絶対零度 $(T = 0)$ では，伝導帯またはドナー準位にいる電子数 $n_c + n_d$ は $N_d - N_a$ よりも価電子帯とアクセプター準位の空の準位数，$p_v + p_a$ だけ増えている必要がある．

$$n_c + n_d = N_d - N_a + p_v + p_a. \tag{3.19}$$

この方程式と n_c, n_d, p_v, p_a に熱平衡状態を考慮した式を使うとキャリア密度が

求められる．ここで複雑な計算を避けて禁制帯に存在する不純物準位のエネルギーが熱平衡温度より十分大きいと仮定すると，次のように n_c と P_v が与えられる．

$$\begin{cases} n_c \\ p_v \end{cases} = \frac{1}{2}\sqrt{(N_d - N_a)^2 + 4n_i^2} \pm \frac{1}{2}(N_d - N_a) \qquad (3.20)$$

$$\frac{N_d - N_a}{n_i} = 2\sinh\beta(\mu - E_i).$$

ここで n_i は不純物によらない（intrinsic な）キャリアの密度である．上の式から，$n(p)$ 型半導体に対するキャリア密度が次のように近似できる．

$$N_d > N_a \text{のとき}, \; n_c \approx N_d - N_a, \; p_v \approx \frac{n_i^2}{N_d - N_a} \qquad (3.21)$$

$$N_a > N_d \text{のとき}, \; n_c \approx \frac{n_i^2}{N_a - N_d}, \; p_v \approx N_a - N_d.$$

式 (3.21) の意味するところは，不純物で導入された電子（正孔）はほとんど伝導帯（価電子帯）に供給されて，わずかの過剰キャリアが他のバンドに流れ込むということである．

3.1.3 半導体の整流作用とトランジスターの増幅作用[1]

半導体の動作（整流作用，トランジスター）の理解には不均一半導体，pn 接合，ショットキーバリアー（障壁）の理解が欠かせない．半導体の製造技術の進歩はキャリア注入を自在に制御することを可能にする．例えば，キャリア濃度の異なる半導体単結晶（不均一半導体）や pn 接合半導体単結晶が人工的に作られた．この電子特性の働きを人間の活動する環境下で利用できるデバイス技術が産み出され，その劇的な発展がわずか 20〜30 年間に社会の根本的変革をもたらした．しかもその変革はいまだ進歩し続けていることは驚異的である．

この節ではデバイス技術の基本となる半導体動作原理を理解することに努める．pn 接合の理解の準備のために絶縁膜障壁で挟んだ2つの異種金属の接合を考える．接触直後は障壁の左右で化学ポテンシャル（フェルミエネルギー）が

3.1 エレクトロニクス，磁気記録デバイス開発の歴史

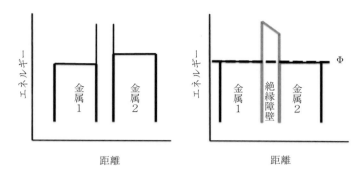

図 3.3 金属接合の概念図.

違う（図 3.3 左）ので同じ大きさになるまで電子の移動が起こる（この例では壁の右側から左側へ）．その結果，右側では正の電荷が，左側では負の電荷が溜まる層ができる．

この金属接合状態に電圧をかけると整流作用が働く．図 3.3 の例では右方向に電圧をかけると左側の金属から右に向かって電子が流れるが（電流は逆方向），逆方向に電圧をかけると右から左への電子の流れが極端に減る．これを整流作用という．この原理を半導体と金属との接合に適用する．

金属と半導体の接合では，半導体の不純物準位（図 3.4 の例ではドナー準位）にある電子が金属に流れ，平衡状態では正にイオン化したドナー不純物中心は金属内の電子を引きつけ，電気双極子層を形成することになる．つまり電気双極子層は伝導電子がない層となるので，整流作用を導く障壁に相当することになる（ショットキー障壁）．障壁層の厚さは電磁方程式を使って求められる．

障壁内の電子を無視できるので，マクスウェル方程式が適用できる．

$$divD = 4\pi\rho \tag{3.22}$$

ここで，D は電束密度，ρ は電荷密度である．この式に障壁内のドナー数 N，誘電率 ε，ポテンシャル $\phi(x)$ を与えると，

$$\frac{\partial^2 \phi(x)}{\partial x^2} = \frac{4\pi}{\varepsilon}Ne \quad \rightarrow \quad \phi = \frac{2\pi Ne}{\varepsilon}x^2. \tag{3.23}$$

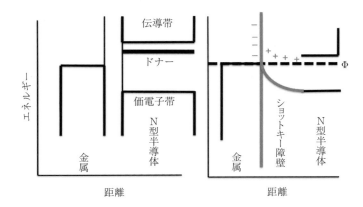

図 3.4 金属・半導体接合の電子構造とショットキー障壁の概念図.

ポテンシャルの違いが ϕ_o で与えられると，障壁の厚さ d は上式から与えられる．

$$d = \sqrt{\frac{\varepsilon \phi_o}{2\pi e N}}. \tag{3.24}$$

電圧をかけたときに障壁を通る電流を定性的に理解する．

図 3.4 で左側の金属から障壁に向かって動く電子の数に障壁を飛び越す確率をかければ障壁を境にする電子流密度が計算できる．逆に右から左に障壁を飛び越す電子流密度も計算できるので，障壁に電圧をかけて右から左に流れる電流は，両方の電子流密度の差をとることで求められる．

$$j \propto N\bar{v}e^{-e\beta\phi_o}(e^{\beta eV} - 1) \quad \phi_o: 化学ポテンシャル, V: 電圧, \bar{v}: 電子速度.$$

V が正で大きければ右から左に流れる電流は大きく，逆に負電圧では $e^{-e\beta\phi_o}$ の項で制限されて小さい電流しか流れない．これが整流作用の定性的理解である．

図 3.5 のような模式図で示される p 型半導体と n 型半導体をつないだ非均質結晶が pn 接合半導体である．化学ポテンシャルは結晶全体に連続的につながり，接合部の外側では均質な p, n 型半導体と同じキャリアが存在するが（模式的にエネルギーバンドが描かれる），pn 接合部では平衡状態で右側から供給さ

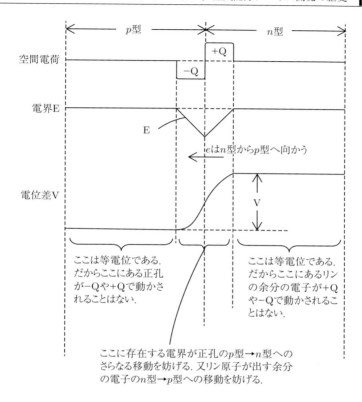

図 3.5 pn 接合部の電荷，電界，電位差の空間分布の模式図．

れる電子と左側から供給される正孔が拡散しキャリアの少ない空乏層が形成される．取り残されたイオンが空乏層に溜まった結果，電位の障壁ができる．pn 接合部の電荷，電界，電位の空間分布を図 3.5 に示す．この図は平行板コンデンサーの作る電界と電位を思い出すと容易に理解できる．正負の電極をもつ金属板の空間内には電界が生まれ，正（負）の電極が作る電位は挟まれた狭い空間で激しく変化するが，pn 接合半導体ではこのような平行板コンデンサーが連続的に重ねられたと仮定すると，空間に分布する電荷，電界，電位の広がりが

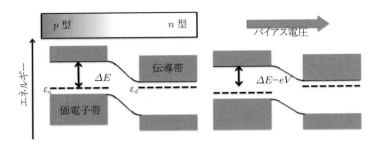

図 3.6　pn 接合の整流作用を理解する基本図.

理解できる．図 3.5 に従って pn 接合の両端部にバイアス電圧をかける．p 型部でかけられた電位によって電子が左側に流れる．n 型部では正孔が右側に流れる．その結果接合部の空乏層の電荷が減り空乏層が狭まる．空乏層で拡散されて消費された電子と正孔を補うために，p 部の正孔が接合部（右側）に n 部では電子が左側に流れる．バイアスをかけたときの全体の電位は図 3.6 のように描かれ，全体の電流は電子流と正孔流の和として記述できる．図 3.6 に基づいて電子流 J_e と，正孔流 J_h を解いて最終的に電流値（J_e と J_h の和）を導こう．バイアス電圧を V とする．バイアスをかけたことによる左右方向の電子の流れは次式で示される．

$$J_e^{p \to n}(V) = J_e^{n \to p}(V) e^{\beta eV}. \tag{3.25}$$

ここで，バイアスがかかったときの電子の流れはバイアスのない状態に比べて増幅される．

$$J_e^{n \to p}(V) = J_e^{n \to p}(0) e^{\beta eV}. \tag{3.26}$$

正孔流も同じようにかける．$J_h(V) = J_n^{n \to p}(V)(e^{\beta eV} - 1)$.
その結果，電流値が次式で求められる．

$$j = e(J_e^{n \to p} + J_h^{n \to p})(e^{\beta eV} - 1). \tag{3.27}$$

トランジスターは TRAnsfer of SIgnals through varisTOR を短略した造語で

3.1 エレクトロニクス，磁気記録デバイス開発の歴史

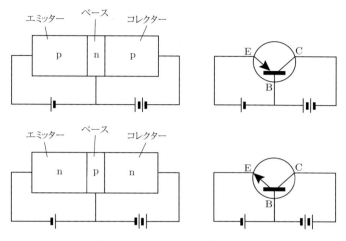

図 **3.7** bipolar トランジスター．

npn または pnp の 3 極接合半導体の増幅作用がトランジスター作用である．構造とトランジスター回路は図 3.7 のようになり，左からエミッター (Emitter)，ベース (Base)，コレクター (Collector) と呼ばれる 3 極構造からなっている．npn bipolar 型を例にとってトランジスターの増幅作用を理解しよう．図 3.7（下）のように電圧をかけると，まずエミッター (E) 側の電子が右側に流れ，BE 間に電流が流れる (i_{BE})．さらに右側に集まった電子はベース (B) の正孔と結合し，BE 間に空乏層ができるが，過剰の電子とコレクター (C) の電子は右側の電極に集まり，この電流がエミッター方向に供給される (i_{CE})．i_{BE} が i_{CE} を増幅しながら制御する．順方向の電圧に対して逆方向にバイアスをかけると電流が流れないので整流作用ならびにスイッチ作用も働く．

2 種のキャリアが流れる接合型 (bipolar) トランジスターに対して，キャリアの種類（電子か，正孔か）を規定して増幅作用をもつトランジスターが電界効果トランジスター (MOS FET uni-polar) である．ゲート金属と半導体の間に酸化物薄膜を使うので Metal-Oxide-Semiconductor(MOS) という冠名が付く[2]．接合型トランジスターは入力電流によって増幅度を制御するのに対して，

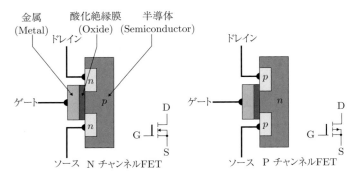

図 3.8　MOSFET の構造（概念図）．

MOSFET トランジスターはゲートにかける電界（電圧）で出力電流を制御するのが特徴で，FET の語源もここからきている．

図 3.8 に MOSFET トランジスターの構造を示す．図 3.8 の左側は n チャネル FET で電子がキャリアとなり，右側は逆に正孔がキャリア（p チャネル FET）となる．以下に n チャネル FET に例をとって動作原理を概略しておこう．電界（電圧）がかからなければチャネルの半導体には電流が流れないが，ゲートとソース間に電圧がかかると（ゲートが正電圧）ソースとドレインの n チャネル内の電子が酸化物障壁付近の p チャネルに引き寄せられ，結果的にソースとドレイン間に電流が流れる．図 3.8 のように対称構造になっており，低電圧側が電流源となるソース，高電圧側が電流を受け取るドレインとなり，電流の強さはかける電圧で決まる．さらに n, p チャネル FET を組み合わせた CMOS(complementary MOS) も使われているが，これを使うと大電流を制御することが可能になる．

3.1.4　エレクトロニクスからスピントロニクスへの流れ（GMR から TMR へ）[3]

この章のはじめに述べたようにスピントロニクスは磁気と電子の流れ（制御）を積極的に結合する概念や技術を総称する造語である．磁気の応用は現代のデ

ジタル時代の到来において，膨大な「数値」の読み込みと書き込み，数値を使った高速演算に不可欠な貢献をした．固体素子の動作原理となっている「数値」（デジット）の制御は2進法の0, 1を電流のオン(1)，オフ(0)，や，磁気スピン（磁石の正(1)負極(0)）に対応させることによって実行される．数値の組合せを構成する「ビット」と定義される構成要素からなる「文字系列」を高速で書き込んだり，読み出したりする磁気記憶（メモリー）素子が考案されたが，1960〜1980年代にはフェライト磁石を塗布した磁気テープが素子として使われた．その後，光デイスク，DVDやフラッシュメモリーへと記憶デバイスはより小型でより大量の数値の高速処理を可能にする技術開発が現在でも日進月歩でめまぐるしく進んでいる．記憶デバイスの開発研究を解説することは本章の主旨とは完全に一致しないので詳細については触れない．しかしこの節の残りで，磁気と伝導が協調する現象がエレクトロニクスに応用され，間違いなく将来のエレクトロニクス産業の主流になると予想されているスピントロニクスの現在に至った源流についてはしっかりと述べておこう．

　1970年代，異種金属薄膜を重ねる多層膜作成技術が日本を含めて科学技術先進国の間で進展したが，特に新庄グループ（京大）は平衡状態では決して合金を作らない（混じり合わない）異種の金属合金をナノスケールで重ねる方法を確立し，この新物質を「金属人工格子」と命名した[4]．同時に強磁性金属（例えばFe）と反強磁性あるいは非磁性薄膜（例えばCr）を交互に積層させて積み重ねた多層薄膜（図3.9(a)）は強磁性金属層の磁化が互いに反転した反強磁性状態を実現することもドイツのグループで発見された．これに磁場をかけるとFe膜の磁化が揃った強磁性状態に容易に転移する．それに対応して多層膜を横切る電流に対して，磁化が揃うと極端に電気抵抗が減少する現象（図3.9(b)）がフランスで発見され[5]，Fertはこの特異な現象を巨大磁気抵抗効果（Giant Magneto Resistance, GMR）と命名した．現在では非磁性薄膜に挟まれたサンドウィッチ強磁性金属のスピンの状態が異なると量子効果によって電流の散乱過程の差が生まれることで電気抵抗の磁場変化が容易に理解されている（図3.9(c)）．

　すなわち，磁気層を横切る電子は非磁性膜が薄ければ（平均自由行程よりも薄い），スピンを保存しながら膜に垂直に流れるが，パウリ則によって同じ向き

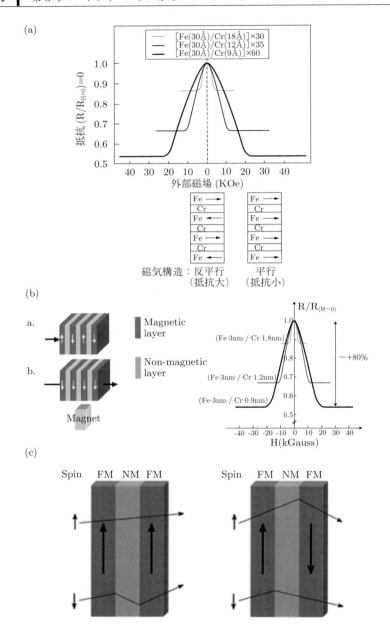

図 3.9 (a) Fe（磁気層）と Cr（非磁性層）からなる磁性多層膜，(b)Fe/Cr 多層膜の GMR 効果，(c) GMR 効果の概念を示すサンドウィッチ膜を流れる電子の散乱の様子．

のスピンは同一軌道に入らないので，図 3.9(a) のように強磁性に揃った層を通過するとき，同じスピンをもつ電子は避け合って散乱しないが，反対向きのスピンをもった電子によって散乱される．つまり無磁場中で強磁性磁化が互いに逆方向に向き合うように並んでいる多層膜を通過する電子に比べると，外磁場下でスピンが揃えられて，強磁性的に並んだ多層膜を通るときは半分の電子しか散乱されないことになる．その差が GMR として電気伝導に顕著に現れることになる．強磁性金属がキュリー温度を境にして低温側に急激に電気抵抗を減らすという，より一般的な現象としてよく知られている事実を，GMR はより顕著に示した．GMR の原理を使って磁化特性を効率化（より小さい磁場で磁化反転を起こして，しかも磁気抵抗を飛躍的に増大する）する技術が開発された結果，現在 GMR 素子はハードディスクなどのメモリー素子の主力の座を席巻している．GMR 発見がスピントロニクス誕生をもたらしたことが認められて，2007 年にこの現象の発見者である Fert と Grunberg はノーベル賞を受賞した．特に Fert の発見した，偏極した伝導電子がスピンを運ぶスピン流という概念がその後の発展に大きな寄与をしたことを特記しておく．

続いて GMR を更に高効率化するトンネル磁気抵抗効果 (Tunneling Magneto Resistance: TMR) やスピンバルブ (Spin Valve) が出現した[6]．スピンバルブの基本的な膜構造は図 3.10 のようなサンドウィッチ膜構造をもつ．反強磁性膜に接した異方性の強い強磁性膜に薄い非磁性膜を挟んで異方性の無い軟磁性と呼ばれる強磁性膜を重ねる．この膜に磁場をかけると，ある程度磁場が大きくないと反転して全体の磁化が強磁性に揃わない．つまり外磁場がゼロにならないでも一部の磁化が反転する．この効果を異方性交換磁場と定義している．この磁気層の反転が軟磁性膜の反転を促して図 3.10 の (b), (c) で示されるように有限磁場を中心にした磁化履歴と磁気抵抗履歴現象が起こる．

スピンバルブを応用した記憶素子は半導体と組み合わされた MRAM(Magnetic Random Access Memory) として実用化されている[7]．この素子には TMR が威力を発揮している．TMR は酸化物の薄い膜（数 nm）を挟んだ強磁性金属膜に電圧をかけると強磁性金属の磁化方向に平行な電子のみ量子トンネル効果によって障壁を乗り越えることができることに起因する．原理的には強磁性

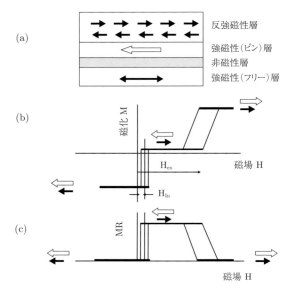

図 3.10 スピンバルブの基本的多層膜膜構造 (a),外磁場をかけたときの (b) 磁化の履歴曲線と (c) 対応する磁気抵抗効果.

金属の偏極率が 100%に近づけば,電気抵抗値の比 $R_\uparrow/R_\downarrow$ は無限大となる.実際 Fe, Co, (CoFeB) などの強磁性金属の間に MgO 薄膜を挟むと室温でも 230%以上の磁気抵抗比が観測され,現在ではほとんどの MRAM デバイスには TMR を応用した素子が使われている.これらの GMR や TMR の素子開発の現状と問題点を次節以後でもう少し詳しく解説する.

　MRAM は図 3.11(a) のように電流を流す直交線(ワイアー)の交差点にトンネル接合 (MTJ) を配置した基本構造をもつ.各 MTJ は選択機能がないのでこの動作を司るスイッチの役目を MOS トランジスターに担わせ,その上に MTJ が積層されている(図 3.11(b)).MRAM は DRAM のキャパシターに代わって MTJ が配置される回路構成 (c) になっている.DRAM ではキャパシターにある電荷の有無が 1, 0 に対応しているが,MRAM ではスピンの $\uparrow$, $\downarrow$ が 1, 0 に対応することになる.読み出しは MOS トランジスターをスイッチオンの状

3.1 エレクトロニクス，磁気記録デバイス開発の歴史

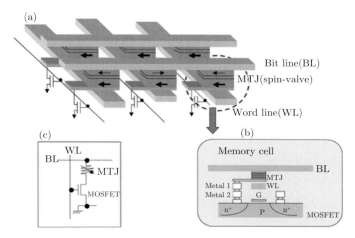

図 3.11 (a)MRAM の構造の原理図と (b)FET と組み合わせた回路と，(c) 記憶部の回路概念．

態にして MTJ に電流を流すときの強磁性金属のスピン（磁化）の状況（平行か反平行）に対応する TMR 電流による電圧を読み取る．また書き込むときはワード線に流す電流が作る外磁場で MTJ の磁化を反転させ平行または反平行の磁化状態を作って記憶させる．このような制御を高速に行うのが MRAM である．さらに大容量ビットの蓄積（小型化），消費電力省力化（電流を下げる），均一な MTJ など残された課題を克服する研究開発競争が激化しているのが現況である．電流制御技術に新しく磁性（スピン）と伝導との結合原理を組み合わせることによって，磁場や光（電磁波）による電流制御，逆に電場によって磁化を制御する応用技術と精緻なナノデバイス加工技術が加わることで，より効率的で広範なエレクトロニクス技術が現在でも急展開している．

　この章では偏光放射光 X 線や偏極中性子を使った回折，反射や電磁交差作用のダイナミックス解明のための分光測定法を駆使して，スピントロニクスの素子である磁気多層膜の構造や薄膜界面の磁気状態やデバイス中の電子の運動状態を明らかにする，重要な実験手段が進行していることを伝えたい．次節以下で現在行われている研究法などについて紹介することにする．

3.2 デバイスの性能を決める界面構造の研究とその物理

前節で紹介したように，スピントロニクスデバイスは多くの場合，複数の薄膜が積層された構造になっている．例えば，磁気記録の読み取りヘッドやMRAMに用いられるトンネル磁気抵抗効果素子は，基本として強磁性層／絶縁層／強磁性層という構造をとり，そこを流れる電流に対する抵抗値の変化を利用している．このとき，電流は必ず強磁性層と絶縁層の接合部分，すなわち界面を通過することになる．したがって，このようなデバイスの性能（例えば磁気抵抗比）は，強磁性層，絶縁層それぞれの性質もさることながら，界面がどのような状態になっているかに大きく左右されることになる．本節では，主にMgOを用いたトンネル磁気抵抗素子を例にあげながら，デバイスの性能に影響する界面構造に関する最近の研究と，界面構造に深く関わる物理について解説する．

3.2.1 界面の結晶構造を調べる

近年のトンネル磁気抵抗素子の発展のきっかけは，Fe/MgO/Feにおける超巨大な磁気抵抗効果の発見であった[8, 9]．このように異なる物質の薄膜を接合する場合，単に薄膜を別々に用意して貼り付ければいいわけではなく，それぞれの薄膜を基板から順番に，原子層レベルで厚さを制御しながら成長させていく必要がある．こうした複数の異なる原子の積層（多層膜）は真空中での蒸着法によって行われる．蒸着には主に，蒸着ソースを加熱して蒸発させながら成長させる方法か，Arイオンなどを蒸着ソースに衝突させてたたき出すスパッタリング法が用いられる．また，蒸着ソースを加熱するには，0.5～3 keV 程度の電子線によって蒸着ソースを加熱する電子衝撃加熱法，蒸着ソース自体もしくはヒーターに通電してジュール熱で加熱する抵抗加熱法などが用いられる．

このように薄膜を順次成長させる場合，その界面においては以下のような構造的な要素を考慮する必要がある．

(1) 結晶の種類および成長方向が適切であるか．
(2) 接合する薄膜の格子定数がどの程度異なるか．
(3) 界面がどれだけ急峻であるか．

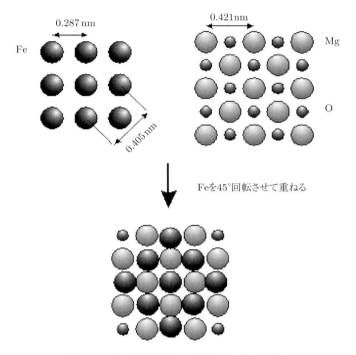

図 3.12 Fe と MgO の単結晶の結晶構造の関係.

例えば (1) と (2) について考えると,Fe は通常,体心立方格子を形成し,格子定数は 0.287 nm であるのに対し,MgO は面心立方格子で格子定数は 0.421 nm である.図 3.12 にそれぞれの結晶から 1 つの原子層を切り出したものを示す.これらの格子定数の値は一見大きく異なっているように見えるが,図 3.12 に示すように Fe と MgO を互いに 45°回転させると,Fe の格子定数は一回り大きい $0.287 \text{ nm} \times \sqrt{2} = 0.405 \text{ nm}$ と見なせるので,MgO との違いは 3% 程度になる.このような場合には比較的無理なく 2 つの薄膜を積層することができる可能性が高い.一方,例えば Co は通常,六方細密充填格子をとり,対称性が異なるので,単純には図 3.12 に示したような MgO の原子面上にそのまま成長

させることは難しいと考えられる.

　また，格子定数の違いは構造歪みの原因となる．例えば Cu 表面上に Ni 薄膜を成長させる場合，Ni の格子定数は Cu より 2〜3%小さいので，Cu につられて Ni が横に広がった構造になる[10]．この場合，Ni 薄膜は密度をほぼ一定に保つために膜と垂直な方向には逆に縮んだ構造となる．構造歪みは，膜の面内方向の格子定数と垂直方向の格子定数の比として定義される．実は，構造歪みは薄膜の磁気異方性（どちらの方向に磁化が向きやすいか）と密接に関連しており，例えばここで示した Ni の例では，わずか数%の歪みによって膜に垂直方向の磁化が安定になることが知られている[11]．

　(3) にはより複雑な要因が関係してくるが，特に大きく影響するのは表面自由エネルギーである．これはその物質が表面に現れたときにどれだけ不安定になるかを表す値と考えればよい．つまり，表面自由エネルギーが大きい，すなわち表面にくるとエネルギー的に大きく損をするような物質を成長させようとすると，表面積を減らすために島状に固まってしまうことが多い．場合によっては下地の中にもぐりこんでしまうかもしれない．もう 1 つの重要な要因は拡散のしやすさである．例えばほとんど拡散が起こらないような条件では，下地と混じりあったり，集まって島を形成したりすることはないが，表面に衝突した原子がその位置から動かないので，単純な確率分布に従い，ある場所は 1 層しかないのにある場所には 3 層あるというように，ヒストグラムのようなデコボコの表面が出来上がるであろう．つまり，平らな界面を形成するには，表面自由エネルギーがあまり大きくない物質を，適度に拡散して表面を 1 層ずつ覆うことができるような条件で成長させる必要がある．表面自由エネルギー自体は物質に依存するのでコントロールはできないが，表面自由エネルギーが高い下地の上に表面自由エネルギーが低い薄膜を成長させるのと，その逆とでは界面の状態が異なるので，成長の順序を工夫することによっても界面を制御することができる．

　それではこのような界面の結晶構造が，実際にどうなっているかを調べるにはどのような実験手法があるだろうか．最もわかりやすいのは透過型電子顕微鏡 (TEM) で断面を観察することであろう．TEM は収束させた高速の電子線を試料に照射して透過像を観察する手法で，原子分解能を有するため，界面の

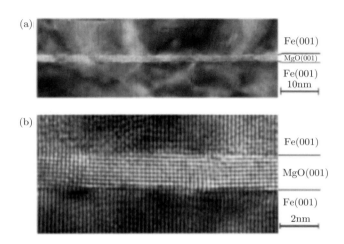

図 3.13 Fe(001)/MgO(001)/Fe(001) 積層膜の断面 TEM 写真[8].

結晶構造を視覚的に観察することができる.

図 3.13 に MgO と Fe の界面を観察した断面 TEM 写真を示す[8]. 原子レベルで急峻な界面が形成されていることがわかる. このように, TEM は原子分解能で構造を観察できる非常に有効な実験手法であるが, 電子を透過させるためには試料を非常に薄くスライスする必要があるため, 作製した多層膜をそのままで測定することはできない. また, これは顕微鏡を用いた実験手法一般に言えることであるが, 本当に試料全体が同じようになっているのか？ という問題は常に付きまとうことになる.

次に X 線を用いた測定方法を紹介する. X 線回折法は, 原子が十分たくさん集まって 3 次元的に周期的に配列している物質（バルク結晶）の結晶構造を決定するのには最も強力な実験手法であるが, 3 次元的な周期構造がない試料に対してそのまま適用することはできない. そこで薄膜や多層膜の結晶構造解析には X 線反射率法がよく用いられる. これは, X 線を薄膜の表面に対して非常に浅い角度で入射し, 反射された X 線の強度を入射角の関数として測定するも

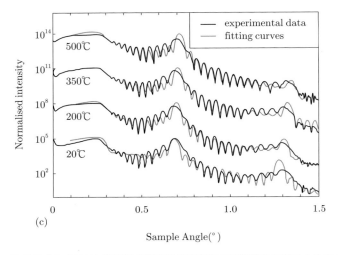

図 3.14 CoFeB/MgO(001) 積層膜の膜面に垂直方向の周期構造を測るための X 線反射率測定の例．最適モデル計算との比較が示されている[12]．図中の値は試料作製時の温度．

のである（これを反射率曲線と呼ぶ）．図 3.14 に $Co_{60}Fe_{20}B_{20}$/MgO からなる多層膜に対して測定された X 線反射率のデータを示す[12]．反射率曲線には全体としては多層膜の周期（この試料の場合には 4.2 nm 程度）に対応した振動が観測されるが，細かい構造は $Co_{60}Fe_{20}B_{20}$ 層と MgO 層それぞれの厚さや界面の粗さ，多層膜の繰り返しの数といった，構造を表す数値（構造パラメータ）によって変わってくる．したがって，ある構造パラメータを仮定したときに予想される反射率曲線を，実験で得られたデータと比較することによって，多層膜の構造パラメータを決定することができる．図 3.15 にはこうした解析によって得られた $Co_{60}Fe_{20}B_{20}$ 層と MgO 層の厚さ，および界面の粗さを示す．この試料は MgO を酸素の存在下で様々な温度で反応性蒸着（この場合は酸素と反応させながら蒸着すること）することによって作製したものであり，成長時の温度による結晶構造の変化が見て取れる．なお，X 線反射率法は顕微鏡とは対照的に，試料全体の平均を見ていることになる．例えば界面粗さに関しては通

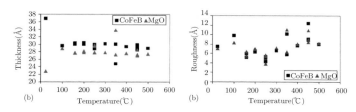

図 3.15 図 3.14 の X 線反射率測定結果を解析して得られた各層の膜厚と界面の粗さ．これらの構造パラメータが蒸着温度の違いでどう変化するかがわかる[12]．

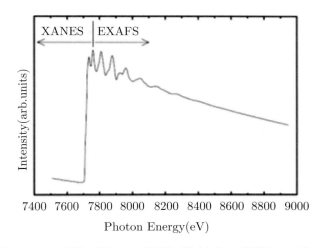

図 3.16 Co 試料に対して K 吸収端で測定した X 線吸収スペクトル．

常，界面の原子位置のばらつきが正規分布に従うと仮定して解析を行う．

次に同じく X 線を用いる手法として，X 線吸収分光法を紹介する[13]．これは試料に照射する X 線のエネルギーを変化させながら，試料による X 線の吸収強度を測定するものである．光は波としての性質（波動性）と粒子としての性質（粒子性）を有するが，X 線も光の一種であり，およそ 0.01〜10 nm 程度の波長を有する．粒子としての光（光子）のもつエネルギーは，その光の波長と 1:1 に対応しており，光子エネルギーの大きさは波長に反比例する．X 線

吸収分光法は，内殻電子をフェルミ準位よりエネルギーが高い，空準位（電子が入っていない準位）まで励起するのに必要なX線のエネルギー（これを吸収端と呼ぶ）が，元素ごとに大きく異なることを利用して，元素選択的な情報が得られることが特長である．図 3.16 に Co に対して K 吸収端（K 殻にある電子を励起するのに対応するエネルギー）で測定した X 線吸収スペクトルを示す．7700 eV 付近に観測される急激な吸収強度の増加が，Co の K 殻の電子がフェルミ準位より上のエネルギーまで励起されることに対応している．

吸収スペクトルには，吸収端後数 100 eV にわたって振動的な微細構造が観測され，これを広域 X 線吸収微細構造 (EXAFS) と呼ぶ．EXAFS の形状は，X 線を吸収した原子の周辺にある原子の距離や配位数によって決まるので，この微細構造を解析することによって，吸収原子の周辺の局所構造を知ることができる．図 3.17 に Ru 単結晶表面上に成長した Co 薄膜に対する EXAFS 関数（振動部分を拡大したもの）と，それらを解析することで得られた Co-Co 原子間距離の Co 膜厚依存性を示す[14]．EXAFS 関数は通常，X 線によって内殻からはじき出された電子（光電子）の波数（電子も波としての性質を有し，その波長を λ とすると波数は $2\pi/\lambda$ で定義される）に対してプロットされる．EXAFS は，直線偏光した X 線（X 線の電場ベクトルがつねに一定の面内にあるような光）を用いることによって，薄膜の面内方向の結合距離と面直方向のそれを分離して決定できることが大きな特長である．バルクの Co の格子定数は Ru に比べて 14%程度も小さいが，Co が 1 層しかない場合には，面内方向の結合距離が Ru につられて大幅に伸びていることがわかる．ところが Co をさらに成長させていくと，Co の結合距離は急速にバルクの値に近付いていく．なお，EXAFS から得られる情報も，基本的には試料全体の平均である．したがって，Co が 1 原子層から 2 原子層になったときに面内方向の Co-Co 結合距離が大幅に減少しているのが，2 層目の Co-Co 距離が極端に短いためなのか，1 層目も含めて変化したのかを直接知ることは困難である．後述する深さ分解 X 線吸収分光法を EXAFS に応用すれば，このような深さ方向の結晶構造の変化も明らかにできるはずであるが，現時点ではまだ定量的な解析は行われていない．

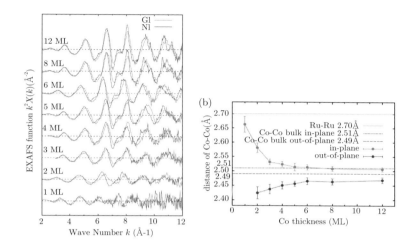

図 3.17 Co/Ru(0001) 薄膜に対して Co の K 吸収端で測定した EXAFS スペクトルから振動部分を抜き出したもの（左），およびそれを解析して得られた，薄膜に平行な方向 (in-plane) と垂直な方向 (out-of-plane) の Co-Co 結合距離（右）．左の図中には Co の厚さが ML（原子層）単位で示されている．

3.2.2 界面の電子状態，磁気状態

　磁気抵抗効果は磁性に依存した電気伝導の違いなので，その理解のためには電子状態，磁気状態を調べることが決定的に重要である．例えば，Fe と MgO の界面に注目した場合，界面にある Fe は MgO の酸素によって酸化されることはないのであろうか？　また，界面の Fe は，内部層と同じだけの磁気モーメント（磁石としての性質の強さ）を有しているのであろうか？　ここでは，界面の電子状態，磁気状態を調べる実験手法を紹介する．

　電子状態を最も直接的に観察できるのは光電子分光法であろう[15]．光電子分光は，試料に X 線や紫外線を照射して，そのエネルギーによって真空中に飛び出す電子（これを光電子と呼ぶ）の運動エネルギーを観測することによって，物質中の電子の束縛エネルギーを知ることができる手法である．例えば Fe の内殻電子の光電子分光を行えば，Fe が通常の金属状態にあるのか酸化されている

のかが，光電子のエネルギーから一目でわかる．また，電子は固体中で散乱を受けて比較的短い距離（1 nm 前後）で減衰するため，これをうまく利用すれば界面付近の情報を強調して取り出すことができる．特に，表面に対して垂直方向に放出される電子と，ある程度の角度をもって放出される電子を比較すると，電子が固体中を通り抜ける距離は後者の方が長くなるために減衰が顕著になり，固体内部からの電子の割合が小さくなる．このことを利用して，薄膜や多層膜の界面付近の電子状態を選択的に調べることができる．

一方，同じ光電子でも，より束縛エネルギーの小さい価電子領域の電子を観察すると，薄膜の物性に直接影響する電子状態を調べることができる．特に，角度分解光電子分光法は，放出される電子の面内方向の運動量が保存されることを利用して，試料のバンド構造を知ることができる有力な手法である．現在のところスピントロニクス材料の研究にはあまり用いられていないが，うまく利用すればより有用な情報が得られると期待される．

次に X 線吸収端近傍構造 (XANES) について紹介する[13]．図 3.16 に示したように，EXAFS の場合には吸収端から数 100 eV 程度上までの比較的広いエネルギー範囲の吸収スペクトルを利用するが，逆に吸収端の極めて近傍のエネルギー領域の吸収スペクトルは，内殻準位からフェルミ準位付近の空準位への遷移に対応するため，試料の価電子付近の電子状態を強く反映する．図 3.18 に MgO に接した Co_2MnGe 合金に対して Mn および Co の L 吸収端で測定した軟 X 線吸収スペクトルを示す[16]．Mn 吸収端のスペクトルは，Co_2MnGe 層が薄くなるにつれて複雑な形状を示すようになっていくが，この形状は酸化された Mn のスペクトルに類似している．層が薄くなるということは界面からの情報が相対的に増えることを意味するので，この結果は MgO との界面付近で Mn が酸化されていることを強く示唆している．一方，Co についてはそのような傾向は見られず，Co はあまり酸化されていないことがわかる．

さらに，X 線吸収スペクトルを右回り円偏光と左回り円偏光（光の電場ベクトルの方向が時間とともに右回りもしくは左回りで回転するような光）に対して測定し，その差をとったものを X 線磁気円二色性 (XMCD) と呼び，試料の磁性に関する情報を得ることができる[17]．この手法も X 線吸収を利用しているので，やはり元素選択的であり，しかも XMCD スペクトルを解析すればスピ

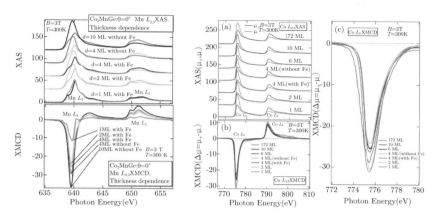

図 3.18 MgO/Co_2MnGe 試料に対して Mn および Co の L 吸収端で測定した XANES（図中では XAS と表記されている）および XMCD スペクトル．Co_2MnGe 層の厚さが ML（原子層）単位で示されている[16]．

ン磁気モーメントと軌道磁気モーメントを定量的に求めることができる．詳細は文献に譲るが[18, 19]，XMCD の全体的な強度が主にスピン磁気モーメントを反映し，2 つのシグナル（例えば図 3.18(b) では 775 eV 付近の負のピークと 790 eV 付近の正のピーク）の非対称性が軌道磁気モーメントを反映する．つまり，XMCD を測定することによって，どの元素がどれだけのスピンおよび軌道磁気モーメントをもっているかを知ることができる．図 3.18 に示したデータでは，Mn からのシグナルが，Co_2MnGe 層が薄くなるにつれて減少しており，このことから Mn の磁化が MgO との界面付近で減少することが示唆される．一方で Co からのシグナルは，Co_2MnGe 層の厚さにあまり依存しておらず，Mn が選択的に界面の影響を受けている様子が推察される．

ここで紹介したデータは，薄膜の厚さを変えることで，間接的に界面付近の情報を得るものであるが，実際には，膜厚が変わることによって膜全体の状態が変化する場合も多いため，本当に界面の情報を調べているのか？という疑問が生じる．そこでより直接的に界面を調べる手法として，深さ分解 X 線吸収分光法を紹介する．図 3.19 に，この手法の原理を模式的に示す．Fe, Mn, Co

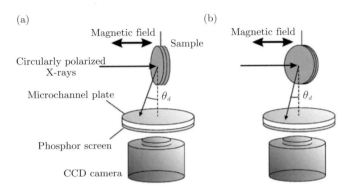

図 3.19 深さ分解 X 線吸収分光法の模式図．電子の出射角 (θ_d) によって電子の脱出深度が異なることを利用している[20]．

のような 3d 遷移金属の L 吸収端において X 線の吸収強度を測定する場合，X 線のエネルギーは数 100 eV となり，よほど薄い試料（基板を含めて数 100 nm 程度）でない限り透過 X 線の強度を測定することはできない．透過法に代わって X 線の吸収強度を測定するために用いられるのが電子収量法と呼ばれる手法であり，次のような原理によっている[13]．X 線が吸収されると内殻電子が飛び出して空き（空孔）が生じるが，この空孔を埋めるために，よりエネルギーの高い価電子帯の電子が内殻へと落ちてくる．このとき，価電子帯にあったときのエネルギーと内殻準位に落ちたときのエネルギー差を，別の電子を外に放出することによってバランスさせるのであるが，このとき飛び出してくる電子をオージェ (Auger) 電子と呼ぶ．つまり，X 線が内殻電子によって吸収されると，その吸収量に比例して Auger 電子が放出されることになる．電子収量法とは，X 線吸収によって放出される Auger 電子，およびその Auger 電子が他の電子にエネルギーを渡すことによって生じる電子（2 次電子と呼ぶ）を検出することによって，X 線の吸収強度を得るものである．この際，表面すれすれの方向に飛び出す電子は，比較的浅いところからしか脱出できないために表面の情報を多く含み，一方で垂直方向に放出される電子は比較的深いところの情報も含むことになる．これを利用して，図 3.19 のように様々な電子の出射角 (θ_d) に

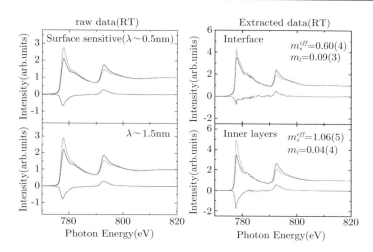

図 3.20 MgO/Co$_2$MnSi 薄膜に対して Co の L 吸収端で測定した深さ分解 XMCD スペクトル．求めた磁気モーメントも示されている[21]．

おいて電子収量法による X 線吸収スペクトルを測定すれば，様々な検出深度を有する一連のスペクトル群を得ることができる．このデータを解析することによって，界面の X 線吸収スペクトルを内部層と分離することが可能になる[20]．

なお，この手法は XMCD にそのまま適用することができる．図 3.19 に MgO/Co$_2$MnSi 薄膜に対して測定した Co L 吸収端の深さ分解 XMCD データを示す[21]．積層順としては MgO の方が表面側である．生データは 2 つの典型的な電子の検出深度 (λ) に対するものであるが，表面敏感な (λ の小さい) スペクトルの方が明らかに XMCD 強度が小さいことがわかる．これは，MgO との界面付近で Co の磁化が減少していることを明確に示している．さらに，検出深度の異なる一連のデータを用いて，界面と内部層のスペクトルを分離した結果も図 3.20 に示した．図中にはそれぞれのスペクトルから求めた Co の磁気モーメントの値も示したが，MgO との界面にある Co は内部層に比べて半分近くまで磁化が減少していることがわかる．

3.2.3　X線，偏極中性子反射率による磁気多層膜の構造研究

まずX線の反射率を用いて深さ方向の磁性の情報を得る手法を紹介する．X線は原子吸収端近傍のエネルギーを選定したうえで，円偏光X線を利用する．X線吸収分光法やXMCDと同様に元素選択性を有し，円偏光の利用によって結晶構造だけでなく磁性の寄与を抽出できることが大きな特長である．MgO/Ru (3 nm)/MnIr (6 nm)/CoFe (8 nm)/Ru (3 nm) からなる薄膜試料を例にとって，CoおよびMnのL吸収端の円偏光を用いて測定したX線反射率の結果を図 3.21 に示す[22]．Co, MnのL$_3$吸収端に相当する2つのエネルギーの円偏光を用いた反射率曲線を解析することによって，図に示すようにCo, Mnの磁気モーメントの深さ (z) 方向の分布 (profile) を調べることができる．

次に偏極中性子線を用いた手法を紹介する[23]．光に比べて屈折率の小さい中性子線は物質の界面すれすれに入射し，界面すれすれに反射する中性子波との間に透過力の強い入射線との干渉効果が効いて干渉縞が観測される．この干渉効果を見ることによって物質界面近辺の構造を解析するのが中性子反射率測定である．

平坦でかつ有限の反射能をもつ物質に小さな角度 ϕ（界面すれすれ）で中性子を入射させると界面 ($z=0$) での屈折率 $n(\lambda)$ は $n^2(\lambda) = 1 - \xi(\lambda)$ で与えら

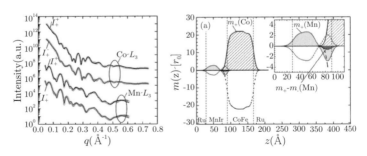

図 3.21　MgO/Ru(3 nm)/MnIr(6 nm)/CoFe(8 nm)/Ru(3 nm) 薄膜試料に対してCoおよびMnのL吸収端で円偏光を用いて測定した反射率曲線と，それを解析して得られたMnとCoの磁性の深さ方向の分布[22]．

3.2 デバイスの性能を決める界面構造の研究とその物理

れる.

$$\xi = \frac{\lambda^2}{\pi}\rho b = \left(\frac{\lambda}{\lambda_c}\right)^2 \tag{3.28}$$

$$\lambda_c = \sqrt{\frac{\pi}{\rho b}}. \tag{3.29}$$

光と違って中性子の屈折率 (refractive index)n は 1 よりも小さいので屈折角 ϕ は入射角 Φ より小さい.

$$\cos\Phi = n\cos\phi. \tag{3.30}$$

中性子が物質 1 の真空（薄い空気）から反射能の大きな物質 2 に向かって浅い角度 Φ で入射したときに全反射が起こることを見よう．中性子の行路は表面で反射した反射波 (R) と透過波 (T) ($R+T=1$) とに分かれ，中性子は T がかなりの部分を占めることになる．屈折しながら物質を進む透過中性子波 T が，物質層（膜）の散乱能の異なる層と接する境界面（膜の下面）で反射し物質 1，2 の界面での反射中性子波 R と干渉を起こす．干渉条件を考えてみよう．表面で鏡面反射した波 R と物質を透過し下面で反射したうえで，再び表面に出射する波 T との干渉で強度が強め合う条件は

$$2D\sin\theta = \frac{\lambda}{n}N \tag{3.31}$$

または

$$2\left(\frac{2\pi}{\lambda}\right)\sin\theta = \frac{2\pi n}{D}. \tag{3.32}$$

ここで，D は物質の厚さである．多層膜（屈折率の異なる物質の積層）に対して i 番目の層に対する屈折率 n_i は

$$n_{i,\pm}(\rho_i, b_i, p_i, Q) = \sqrt{1 - \frac{16\pi\rho_i(b_i \pm p_i)}{Q^2}}$$

$$Q = \frac{\sqrt{2\pi n}}{D} = 2k\sin\theta. \tag{3.33}$$

k は波数 $(2\pi/\lambda)$，反射率は $\Re = (1-n_i^2)/(1+n_i^2)$ で表される．反射率の Q 依存性 $\Re(Q)$ を測る，極めて簡単な装置ではあるが，小さい反射角度で 10^{-7} 以上の精度を出すためには精密測定技術が要求される．

　滑らかではない乱れた物質表面に中性子を当てると平滑な表面反射である鋭い鏡面反射 (specular reflection) の成分の他に，鏡面反射の周りに白色の乱反射が見られ，結果として鏡面反射の干渉波の模様がぼやけたものになることはよく知られている．このぼやけ具合を解析することによって物質表面・界面の乱れ具合を定量的に評価できる．要約すると中性子線反射現象は光学現象の延長線上にあり，光（電磁波）を中性子波に置き換えて物質との反射・屈折現象を解析することになるが，透過性の良い中性子線は物質に屈折しながら入射して再び反射する波と表面反射波との干渉効果から界面付近の物質内部構造に関する情報を含む鏡面反射とともに，ぼやけた乱反射を解析することによって，表面・界面の構造を，その乱れも含めて定量的に評価できる．

　近年，偏極中性子を使って磁気反射を精度良く測ることのできる偏極中性子反射計がメモリーデバイスなどの基本材料である磁性膜の構造研究に活用されている．磁気メモリーデバイスは複数の磁性膜を重ね合わせた複雑な構造をした膜からできていて，それぞれの膜界面の磁化の状態が性能に大きな影響を与える．中性子反射は膜界面や磁性層のナノスケールでの磁気構造を仔細に観察するのに最適の実験道具であることがあらためて認識されている．表面に水平方向に外磁場をかけると，膜面に平行な磁気モーメントの成分は磁気反射に寄与するが，磁性膜に垂直方向成分の磁気モーメントは鏡面反射に全く寄与しないことになる．この原理を用いれば非偏極中性子でも磁気反射成分を取り出せる．しかし偏極中性子を用いて偏極成分を解析すると膜面内の磁化の方向成分を分離して取り出すことができる．偏極中性子反射から得られる膜の構造因子を書いておく．実験の配置は膜に平行に外磁場をかけ，磁場に平行か反平行に偏極中性子を入射し，反射中性子強度を測る．今，磁場方向 $(+)$，反平行 $(-)$ に対して，反射中性子の偏極 $(+,-)$ を入射中性子偏極ごとに測るものとする．$(+,+)$，$(-,-)$，$(+,-)$，$(-,+)$ の 4 成分の測定値が得られる．

3.2 デバイスの性能を決める界面構造の研究とその物理

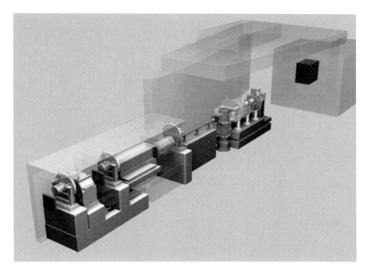

図 3.22 J-PARC に据え付けられた偏極中性子反射率測定装置[24].

$$f^{\pm\pm} = \sum_i N_i(b_i \pm p_i \cos\varphi_i)e^{i\vec{Q}\cdot\vec{u}_i}$$
$$f^{\pm\mathrm{m}} = \sum_i N_i \sin\varphi_i e^{i\vec{Q}\cdot\vec{u}_i} \quad (3.34)$$

式中の N_i, b_i, p_i は各々 i 番目の膜の平均の原子密度,構成原子の核散乱振幅,磁気散乱振幅を表す.$\vec{u}_i$ は $\vec{Q}$ 方向に平行な膜の位置を示す.φ_i は偏極方向(この場合は外磁場の方向)から測った面内の磁化の傾き角である.図 3.22 に J-PARC に建設された縦型中性子反射率計の鳥瞰図を描いておく[24].

実際に磁気ヘッド用に使われている磁性多層膜の強磁性 FeCo 層と反強磁性 MnIr 層の間の磁気構造を見るために行われた偏極中性子反射率測定の結果を図 3.23 に示す[25].1 T の磁場中で面内方向に着磁させた試料を膜面に垂直な 0.18 T の磁場をかけて磁気構造を調べた.入射中性子偏極方向(上向き,下向き)に対して反射中性子の偏極反転の有無に対応した 3 種の反射率プロファイ

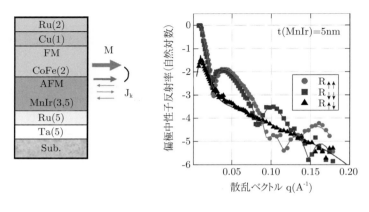

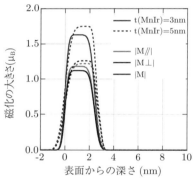

図 3.23 偏極中性子反射から得られる磁気ヘッドに用いられる多層薄膜からの偏極中性子反射プロファイルと解析された磁化の大きさの分布図[25].

ル ($R_{\uparrow\uparrow}$, $R_{\downarrow\downarrow}$, $R_{\uparrow\downarrow}$) を測定した結果を解析すると FeCo 層から FeCo 層/MnIr 層界面に磁化 (M) がどのように変化するか,磁化の大きさの膜厚による変化や磁化の傾き (ς) が定量的に評価できる.

このように,最近では様々な実験手法によって界面付近の電子状態,磁気状態を調べることができる.こうした電子状態,磁気状態は薄膜・多層膜の物性に大きく影響するが,その1つが電気伝導度である.次節では界面状態が磁場に依存した電気伝導度,すなわち磁気抵抗に与える影響について詳しく解説する.

3.2.4 界面状態が磁気抵抗に与える影響

3.1 節で述べたように,磁気抵抗に直接寄与するのは,フェルミ準位近傍の電子状態のスピン偏極度である. 単純には,フェルミ準位近傍にある電子のスピン偏極度が高いほど,高い磁気抵抗比が期待できる.ところがトンネル磁気抵抗効果 (TMR) のブレークスルーとなった Fe/MgO/Fe の場合,フェルミ準位における Fe のスピン偏極度はそれほど高くはないにも関わらず,MgO と接合した場合に大きな磁気抵抗比が得られ,その後の TMR 素子の発展に大きく寄与した.実はこれには,MgO 内で Fe のバンド構造がどのように減衰していくかが大きく効いている.図 3.24 に示すように,Fe のバンドのうちの Δ_1 と呼ばれるもの(軌道としては等方的な形をしている)のみが,MgO の中で比較的遠くまで減衰せず,それ以外のバンドは,はるかに速く減衰してしまうのであ

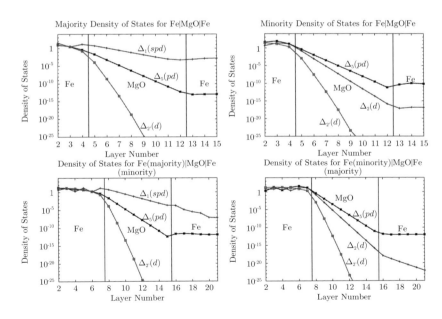

図 3.24 MgO 中での Fe の波動関数の減衰を軌道およびスピン状態別に計算したもの[26].

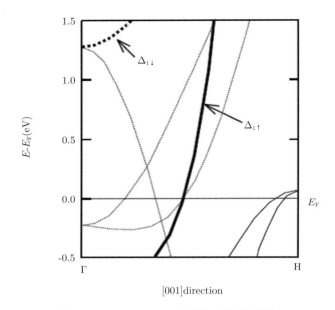

図 3.25 bcc Fe のバンド状態の計算結果[27].

る[26]. したがって,MgO を介した電気伝導に寄与するのは Fe のバンドの中でもほとんど Δ_1 のみになる.

ところが図 3.25 に示すように,Δ_1 バンドは少数スピン(図では下向きの矢印で示されている)の非占有状態が完全にフェルミ準位の上にある,すなわちギャップの開いた状態にあり,一方で多数スピン(上向き矢印)のバンドはフェルミ準位を横切っている[27]. つまり,Fe の Δ_1 バンドに限って言えば,フェルミ準位のスピン偏極率は 100%(すべてが多数スピン)となっている.これが Fe/MgO/Fe からなる磁気トンネル接合が,高い磁気抵抗比を示す理由である.このような Fe の電子状態と MgO による軌道選択的な波動関数の減衰は,実際の Fe/MgO/Fe 試料に対しては実験的に直接確かめられてはいないが,Fe/MgO/Fe からなる磁気トンネル接合が,従来に比べてはるかに高い磁気抵抗比を示したことからも,研究者の間では一般的に認められている.しかし,

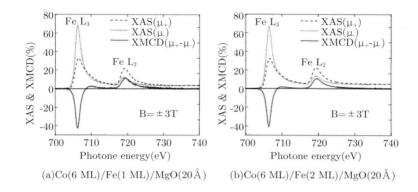

図 3.26 Co/Fe/MgO に対して Fe の L 吸収端で測定した XMCD スペクトル[29].

これを確認するためには,薄膜・多層膜に対してより直接的に電子状態を観察できる実験手法が望まれる.

ところで,以上の計算は MgO,Fe がともに単結晶のようにきれいに成長し,しかも界面においてきちんと接合されている場合の話である.例えば,もしも MgO が周期的な秩序をもたない(アモルファス)状態であったら,図 3.24 に示したような軌道の選別は起こらず,磁気抵抗比は非常に小さくなってしまうであろう.また,界面の結晶構造については,図 3.13 に示した TEM 写真から,かなりきれいであることがわかるが,電子状態についてはどうだろうか.例えば,もしも界面付近の Fe が酸化されるようなことがあれば,上述のような理想的な状態は崩れてしまい,磁気抵抗比が下がってしまうと予想される.実際,Fe と酸素が結合を作ってしまった場合には,磁気抵抗比が大幅に下がることが,理論計算から指摘されている[28].それでは実際の Fe と MgO の界面において,Fe の状態はどうなっているのであろうか.図 3.26 に MgO に接した Fe 薄膜に対する X 線吸収および XMCD スペクトルの Fe 膜厚依存性を示す[29].上述の通り,この方法では直接的に界面を観察してはいないが,それでも Fe のスペクトルがほとんど膜厚に依存せず,しかも Fe が 1 原子層しかない場合(図 3.26 左)でさえ,Fe のスペクトル形状に酸化物の特徴がほとんど見

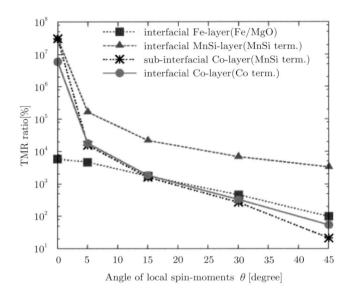

図 3.27 各種のトンネル磁気接合において強磁性層のスピンの揺らぎが磁気抵抗比に与える影響の計算結果[30].

られないことから,界面において Fe の酸化はほとんど起こっていないことが強く示唆される.このように,界面における Fe の電子状態が内部と同じであり,しかも界面の平坦性が保たれていることが(図 3.13),Fe/MgO/Fe が高い磁気抵抗比を示すために重要な役割を果たしている.

もう 1 つの要因として,温度によるスピンの揺らぎがあげられる.図 3.27 に示したのは,Co_2MnSi 合金と MgO からなる磁気トンネル接合において,MgO との界面において Co_2MnSi のスピンが傾いたときに,磁気抵抗比がどのように変化するかを計算したものである[30].このように,わずか 5〜10° の傾きでさえも,磁気抵抗比は 2 桁以上低下することがわかる.一方で Fe と MgO の組合せでは,そこまで大きな磁気抵抗比の変化は見られず,興味深い結果である.これは主に,Fe の磁気的な相互作用が,Co_2MnSi 中の Co や Mn に比べては

るかに大きいことに起因している．このようなスピンの揺らぎは，温度によって誘起されるため，室温以上での動作が求められる磁気抵抗デバイスにとっては極めて重要な問題である．しかしながら，5〜10°程度のスピンの傾きは，見かけ上の磁化の大きさにはほとんど影響を与えないために，現時点では検出が難しい．界面1層程度の磁化のわずかな変化を感度良く検出する，あるいはスピンの揺らぎ自体を精度良く観察する実験手法を開発することができれば，ここで紹介したようなスピントロニクスデバイスの開発に大いに寄与できると期待している．

3.3 スピントロニクスの将来（MRAMへの挑戦）

　前節で見たようにスピントロニクスは新しく導入された概念であるとともに，スピントロニクス技術開発は最近になって激しく展開しているので将来思いがけない前進がある可能性がある．スピントロニクスの総合的な展望は非常に難しいので，ここでは一例として高性能MRAMの実現へ向けた技術的，物理的挑戦の最前線を紹介することにする．現在のコンピュータは，不揮発性（電源を切っても消えない）メモリーとしては主にハードディスクを用いており，その原理は磁化の向きによって0と1を基本とした2進構造から成り立っている．現在のハードディスクは読み取り，書き込みヘッドとディスクが機械的に動きながら読み書きをするので動作の速度に限界が生じる．これを打開する方策として高速処理が必要とされる演算用の一時的記憶のために，電荷を利用した揮発性のメモリーが用いられている．もしも，現在の揮発性メモリーと同程度以上の読み書き速度をもった不揮発性のメモリーが実現すれば，コンピュータの電源はいつでも好きなときにON／OFFすることが可能となり，演算していないときは電力を使わなくてよいので省電力設計のコンピュータが実現する．

　不揮発性のランダムアクセスメモリーの候補の1つとして考えられているMRAMは微細加工された磁気トンネル接合素子の1つひとつが記録を担うことになる．3.1節で説明したようにスピンバルブの2つの強磁性層のうち，片方の層は保磁力を大きくして磁化方向を固定し（これを固定層と呼ぶ），他方の保磁力が小さい層（フリー層と呼ぶ）の磁化方向を制御することで0と1の記

録制御を行う．記録の読み取りは磁気抵抗効果を利用して行う．磁化方向で記録するという点ではハードディスクと同じだが，読み書きの際に，MRAM は機械的な動きはもちろん原子の動きも伴わないので，高速かつほぼ無限回の繰り返しが可能になる．実際，磁化反転に要する時間は ns オーダーであり，十分実用に耐える速度をもっている．以下の節で高性能 MRAM の実現へ向けた課題とその克服の現状を紹介する．

さらに最終節ではスピントロニクス応用技術の根底となっている「スピン流」の概念についても復習しておこう．

3.3.1 高い磁気抵抗比と低い抵抗値の両立

MRAM を実用化するにあたって，まず必要なのは高い磁気抵抗比である．これは，1 つひとつの素子が小さくなり，かつメモリーの密度が高くなる中で，十分な読み取り精度を確保するために，必要かつ重要な要素である．最近の新しい結果では，MgO（トンネル障壁）と CoFeB（軟磁性強磁性金属）の組合せによって，室温で 600% もの磁気抵抗比が報告されている[31]．しかし，特にTMR を利用する場合，もう 1 つの克服するべき課題は，電気抵抗の絶対値を下げることである．つまり，高い磁気抵抗比を確保するために絶縁層を厚くすると抵抗値が上がってしまうという，相反するジレンマをどう克服するかということである．抵抗が高いということは高い電圧をかけなければならないので，これは深刻な問題である．2010 年頃の段階では数 100% の磁気抵抗比を得るためには数 $\Omega \mu m^2$ 程度の抵抗値が必要となっているが，数 Gbit 級の MRAM を実現するためには，もう 1 桁以上，抵抗値を下げることが必須である．

このような高い磁気抵抗比と低い抵抗値の両立を目指して MgO を用いたトンネル磁気抵抗効果を示す材料の改良が日夜進められているが，一方で絶縁体を用いない，いわゆる巨大磁気抵抗効果 (GMR) を示す材料の研究も並行して行われている．有力視されているのは，トンネル障壁である単結晶絶縁層を用いないで，強磁性層に使われる物質のフェルミ準位におけるスピン偏極度を上げて電子の軌道選択性を上げることである．CoFeB の場合は間に挟んだ MgO が軌道選択に寄与するが，3.2 節で例を示した Co_2MnSi のような，ホイスラー

合金と呼ばれる金属間化合物を利用すると強磁性金属自身が軌道選択を起こす．Co_2MnSi は一方のスピンの d バンド（マイノリティバンド）がフェルミ準位を横切るので金属的であるのに対し，もう一方のスピンの d バンド（マジョリティバンド）はフェルミ準位付近にバンドギャップが位置するので絶縁体あるいは半導体的な性質をもつ．このような電子状態をハーフメタル性と定義する．強磁性金属膜にこの特性をもつ物質を用いるとフェルミ準位におけるスピン偏極率が100%になるので，MgO の障壁層がなくても高い磁気抵抗比が期待される．例えば，$Co_2MnSi/Ag/Co_2MnSi$ の組合せでは室温で数10%の磁気抵抗比が報告されているが[32]，今後の物質開発と安定的な薄膜作製技術開発によってさらに磁気抵抗比が飛躍的に向上することが期待される．

3.3.2　磁場による記録からスピン流による記録へ

当初，MRAM の記録の書き込みには，ハードディスクと同様に電流によって発生させる磁場が用いられていた．これは 3.1 節で示されたように，碁盤の目のように並べた磁気抵抗素子の上に網の目のように電線を張り巡らせ，そこへ流す電流を制御することで特定の素子に磁場をかけてその磁化を反転させるものである．しかしながら，この方式では素子が小さくなるほど磁化を反転させるのに必要な電流が大きくなり，Gbit 級の MRAM はほぼ実現不可能であることが当初からの懸案事項であった．

代わって開発されたのが，スピントルクトランスファーと呼ばれる方法である[33]．別名では「スピン注入磁化反転」あるいは「スピン流」と定義される原理を使う方法である．図 3.28 に「スピン流」の原理を図式化する．上の図に沿って説明すると，電流の印加によって電子が固定層からフリー層の方向へ移動する．固定層を通る間にスピン偏極した電子が真ん中に挟まれた非磁性層を通じてフリー層に注入される．電子が運ぶスピン角運動量がフリー層のスピンに受け渡されることによって固定層と同じ方向に回転する．このときにフリー層のスピンが受ける力がスピントルクと呼ばれる．下の図は逆向きに電流を流す場合を示している．上の図より若干複雑ではあるが，磁気抵抗の効果によってフリー層から固定層に向かう電子のうち固定層と逆向きのスピンをもった電

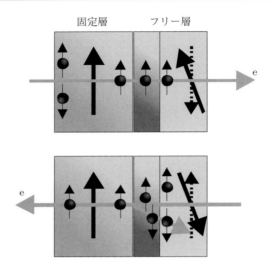

図 3.28 固定層（異方性の強い硬磁石）とフリー層（軟磁石）を非磁性層を挟んで接合した複合膜に電流を流してスピントルクを励起する原理図[33].

子が選択的に反射されるので，結果的にフリー層のスピンは先ほどとは逆のスピントルクを受けて固定層と逆向きに回転する．この手法の最大の利点は，素子を小さくすると，磁化反転に必要な電流がその分だけ少なくなるので，微細化に伴う消費電力の増加がないことである．現在すでに MRAM の書き込みはスピントランスファートルク（スピン流）による方式が主流になっている．

最近スピン・ホール (spin Hall) 効果を使ってスピン流を電流に変換する原理的方法 (Inverse spin Hall effect) が発表され話題を集めている[34]．この原理を理解する実験を取り上げよう．まず図 3.29 のように $Fe_{19}Ni_{81}$（パーマロイ）/Pt 金属 2 重膜を用意し，この試料に磁場中でマイクロ波をかけてパーマロイにスピン波を励起する実験を行う．共鳴条件を満足する波長でスピン波励起に伴う共鳴吸収が起こるが，この条件のまま外磁場を膜面内で回転する．Pt 膜に流れる電流を図のように電圧計で検出すると $\theta = 90°$ のとき最大値を示す．この現象を説明すると，パーマロイで励起されたスピン波が Pt 膜にスピン流を作ると同時に Pt の大きなスピン・軌道相互作用によってスピン・ホール効

3.3 スピントロニクスの将来（MRAMへの挑戦） | **153**

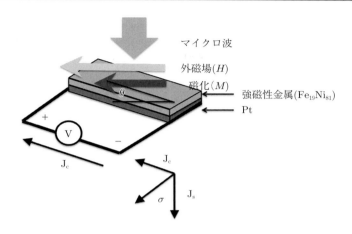

図 3.29 スピン流を励起する実験を示す原理的な図.

果が働き，その結果電流が励起されることになる．

$$\vec{J_c} = D_{ISHE}\vec{J_s} \times \vec{\sigma}.$$

次に図 3.30 に，Fe 酸化物（$Y_3Fe_5O_{12}$ もしくは Y-Garnet）の単結晶の上にスピン・軌道相互作用の大きな Pt 膜を離してスパッタ蒸着した Y-Garnet/Pt 複合膜に磁場をかけた実験を示す[35]．Pt 膜は細いワイアー状にして 1 mm 離しておく．一方の Pt ワイアーに電流を流し，もう片方のワイアーで電流を検出する．この図で磁場の方向と大きさを変えていくと磁場がある大きさ（臨界磁場）を超えてかけた電流と直交したとき（$\theta = 90°$）Pt ワイアーに電流が検出される．Y-Garnet は絶縁体の強磁性体で室温でも大きな磁化を示すとともに，励起されたスピン流（スピントルク）は試料の端から端まで流れることになる．上式の逆過程で Pt 膜に作られたスピン流（スピントルク）はもう片方の Pt 膜に流れ込んだ結果，電流が流れる（電圧検出計が反応する）．

　このように電流（電荷シグナル）がスピン流を通して絶縁体中を転送される．このような「スピン」流の原理が将来ともスピントロニクスに広く応用されることは間違いない．

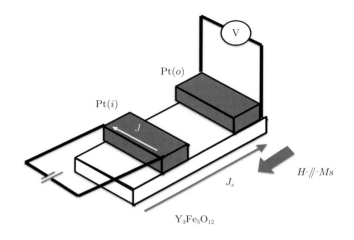

図 3.30 スピン流を電流シグナルに変換する実験を示した原理図.

さらに，MRAM における書き込み方法のもう 1 つの可能性として，電流に誘起される磁壁の移動を利用する応用技術が提案されている．磁壁は，強磁性層で磁化（スピン）がある方向を向いている領域（強磁性ドメイン）と，それとは逆の方向を向いている領域との境界に磁極を外部に出さないために自発的に作られる層で，層内では磁化（スピン）の向きが数 100 原子（数 10 nm）程度にわたって連続的に回転して左右のドメインの磁化の反転に追随する．最近ナノスケールの超微細加工技術の進歩によって細線（ワイアー）が作られた．この細線の中に作られた磁壁を通過する電流値の上下によって，磁壁が移動する様子が外から見える．この現象もスピントランスファートルクによることは明らかである．ここで図 3.31 のように上向きスピンの領域と下向きスピンの領域を準備しておいて，電流によって磁壁を図の上下方向に動かせば，磁気トンネル接合の部分のスピンが平行な配置と反平行な配置を電流によって制御することができる．この方式では，書き込みは上下方向，読み取りは左右方向の電流で行う[36]．したがって端子が 1 つ余計に必要になるのでスペース的には不利であるが，一方で書き込みと読み取りが完全に分離できるのでエラーが少なくな

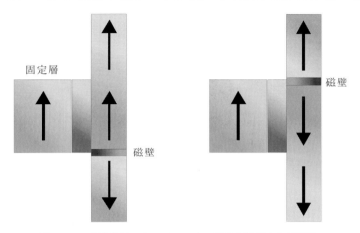

図 3.31 磁壁移動によってメモリー素子を制御する原理図．

るという利点がある．

3.3.3 スピントロニクスの将来像（高性能磁気記録素子の実現に向けて）

　MRAMの技術開発はこれまで解説してきたように，短期間にめまぐるしく進展してきたが，さらに，より高速に，より高密度に記録を行うことが産業界から求められている．この課題を克服する方策として前節で紹介した「スピン流」原理の応用技術開発が激しく展開している．ここで，その現状と将来への展開をみるためにスピン流の利点を少し掘り下げて見る．スピン流を用いることで，より低い電流でスピン反転が可能になり，しかも熱などをはじめとする外部擾乱に対して極めて安定である．したがって高密度に記録を詰め込む素子には相反する条件，すなわち電気抵抗値を小さく，しかし磁気抵抗効果を大きくすることを満足する性能を実現することができるのがこの方式の特徴である．

　スピントランスファートルク方式の場合，フリー層の磁化が反転する際には，図3.32のようにスピンが歳差運動をしながら変化していく．このスピン（磁

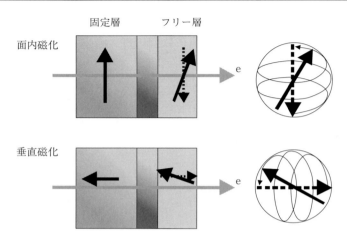

図 3.32 スピントランスファートルクによるスピン反転過程におけるスピンの歳差運動.

化）の歳差運動を理解するために熱平衡状態にある古典的なスピンの運動方程式（ランダウ–リフシッツ–ギルバート方程式）を導入する[37].　右辺の最初の 2 項が磁場の周りの回転運動，3 項目がスピントルクに対応する．

$$\frac{d\vec{M}_2}{dt} = -\gamma \vec{M}_2 \times \vec{H}_{eff} + \vec{m}_2 \times \alpha \frac{d\vec{M}_2}{dt} + I\beta_{ST}\vec{m}_2 \times (\vec{m}_1 \times \vec{m}_2) \quad (3.35)$$

ここで，M_2 はフリー層の磁化，α はダンピング係数と呼ばれ，スピンの運動に対する抵抗を表す．γ はジャイロ磁気係数，H_{eff} は M_2 にかかる有効磁場（外部磁界と磁束の和），m_1, m_2 はそれぞれ固定層とフリー層の磁化方向の単位ベクトル，I は電流，β_{ST} はスピントルクの係数である．

この運動方程式から，スピンの向きやすい方向（容易磁化軸と呼ぶ）が膜面に垂直な方向にある場合には，図 3.32 に示すようにスピンはいったん，薄膜の面内方向を通ってから逆向きになることがわかる．同様にして，容易磁化軸が面内方向にある場合には，歳差運動の過程で面の垂直方向を通過することになる．つまり，膜面に垂直磁化，面内磁化いずれの場合にも，エネルギー的に損になる方向を通らないと磁化は反転できないことになる．

ところが熱による意図しないスピン反転は，必ずしもこのような経路を通ら

なくても起こる.ただし,膜面に垂直磁化を取る場合にはどんな経路を通ろうともいったんは面内磁化になる必要があるので,スピントランスファートルクによる磁化反転と比べて,反転のしやすさはあまり変わらない.一方で面内磁化の場合,わざわざ不安定な面直方向を通らなくとも,面内方向だけを通ってもスピンを反転させることができる.もちろん,面内方向の中にも向きやすい方向と向きにくい方向はあるが,面に垂直方向を通るのに比べればはるかに低いエネルギーで反転させることができてしまう.つまり,面内磁化の場合には,熱による意図しない反転を防ぎつつ,スピントランスファートルクによる磁化反転に必要な電流を小さくすることは,非常に困難である.したがって必然的に,垂直磁化を示すようなトンネル磁気抵抗素子の開発が必要となる.また,磁化反転に必要な電流を小さくするには α を小さくすることが重要であり,そのための材料開発が進められている.最近,面直磁化を利用することによって,磁化反転に必要な電流密度は $0.5\ \mathrm{MA/cm^2}$ 程度まで減少している.しかもこの素子は,200%という大きな磁気抵抗比を示しており,Gbit 級の MRAM の実現へ向けて大きな一歩を踏み出したと言える.

この章で解説したスピントロニクス開発の現状は,登山に例えると険しい岩場に差しかかったばかりで,この岩場の向こうにある頂上を目指すためのルート探しをしていることになる.大きな岩に行く手を遮られていて,いまだ見通しもきかないが,しかし新しい物質開発や何よりも精巧なナノテクノロジーの著しい進歩によって次々と原理的な発展が見られているので,期待感も大いに膨らむ.

そのようなときにこそ,放射光や中性子,ミュオンなどの先端的な顕微道具が欠かせない.前節で紹介したように,物質開発やデバイス開発の基礎となるミクロ構造(原子配置)やスピンと伝導の複雑な運動(スピンダイナミックスや伝導電子の流れ)を解析する分光実験が今よりももっと盛んになることを期待する.そのときにスピントロニクスは画期的に発展するだろう.

参考文献

[1] C. Kittel: 『固体物理学入門』第 8 章 (丸善, 東京, 2005); N. W. Ashcroft, N. D. Mermin: 『固体物理の基礎』28,29 章, (吉岡書店, 京都, 1982).

[2] N. Weste, D. Harris: CMOD VLSI Design (Addison-Wisley 3/e, 2004), MOS FET 電子回路工作素材集.

[3] 多々良源: 『スピントロニクス理論の基礎 (新物理学シリーズ)』(培風館, 東京, 2011).

[4] T. Shinjo: Surface Science Reports**12** (1991) 49, N. Hosoito, K. Kawaguchi, T. Shinjo,T. Takada & Y. Endoh: J. Phys. Soc. Jpn. **53** (1984) 2659.

[5] M. N. Baibich, J. M. Broto, A. Fert, F. Nguyen van Dau, P,Etienne, G.Cruezet, A. Friederich & J. Chazelas: Phys. Rev. Lett.**61** (1988) 2472; M.Julliere, Phys. Lett. **A54** (1975) 225.

[6] S. Maekawa & U. Gafvert: IEEE. Trans. Magn. **18** (1982) 707; N. Tezuka & T. Miyazaki, J. Appl. Phys. 79 (1996) 6262.

[7] 猪俣浩一郎: RIST ニュース 42 (2006) 35

[8] S. Yuasa et al.: Nature Mater. **3**, 868 (2004).

[9] S. S. P. Perkin et al.: Nature Mater. **3**, 862 (2004).

[10] J W. Matthews and J. L. Crawford: Thin Solid Films **5**, 187 (1970).

[11] W. L. O'Brien et al.: Phys. Rev. B **54**, 9297 (1996).

[12] A. Lamperti et al.: Phys. Stat. Sol. **204**, 2778 (2007).

[13] 太田俊明編: 『X 線吸収分光法—XAFS とその応用—』(アイピーシー, 東京, 2002); 宇田川康夫編: 『X 線吸収微細構造—XAFS の測定と解析—』(学会出版センター, 東京, 1994).

[14] J. Miyawaki et al.: Phys. Rev. B **80**, 020408(R) (2009).

[15] 日本表面科学会編: 『X 線光電子分光法』(丸善, 東京, 1998); 太田俊明・横山利彦編著: 『内殻分光—元素選択性をもつ X 線内殻分光の歴史・理論・実験法・応用—』(アイピーシー, 東京, 2006).

[16] D. Asakura et al.: Phys. Rev. B **82**, 184419 (2010).

[17] 小出常晴: 『新しい放射光の科学』第 4 章, (講談社, 東京, 2000).

[18] B. T. Thole et al.: Phys. Rev. Lett.**68**, 1943 (1992).

[19] P. Carra et al.: Phys. Rev. Lett. **70**, 694 (1993).

[20] K. Amemiya, Phys. Chem. Chem. Phys., **14**, 10477 (2012); K. Amemiya et al., Appl. Phys. Lett. **84**, 936 (2004).

[21] Tsunegi et al.: Phys. Rev. B, **85**, 180408(R) (2012).

[22] S. Doi et al.: *Appl. Phys. Lett.* **94**, 232504 (2009).
[23] 遠藤康夫：『中性子散乱入門』(朝倉書店, 東京, 2012).
[24] 武田全康：JPARC, JAEA 提供の資料より転載 (2009).
[25] 桜井健次, 日野正裕, 武田正康：真空 **53** (2006) 747.
[26] W. H. Butler et al.: *Phys. Rev. B* **63**, 054416 (2001).
[27] S. Yuasa et al.: *Jpn. J. Appl. Phys.* **43**, L588 (2004).
[28] X. -G. Zhang et al.: *Phys. Rev. B* **68**, 092402 (2003).
[29] K. Miyokawa et al.: *Jpn. J. Appl. Phys.* **44**, L9 (2005)
[30] Y. Miura et al.: *Phys. Rev. B* **83**, 214411 (2011).
[31] S. Ikeda et al., *Appl. Phys. Lett.* **93**, 082508 (2008).
[32] Y. Sakuraba et al., Appl. Phys. Lett. **88**, 192058 (2006).
[33] T. Tatara, H. Kohno : *Phys. Rev. Lett.*, **92** 086601 (2004).
[34] T. Seki et. al., *Nature Materials* **7**, 125 (2005)
[35] Y. kajiwara et al., *Nature* **464**, 262 (2010).
[36] N. Sakimura, et al, *IEEE J. Solid-State Circuit* **42**, 830 (2007).
[37] J. C. Slonczewski, *J. Magn. Magn. Mater.***159**, L1 (1996).

第4章
ソフトマターの構造と物性

4.1 ソフトマターとは何か

　「ソフトマター」と言う言葉は，1991年にノーベル物理学賞を受賞したピエール=ジル・ド・ジェンヌ (Pierre-Gilles de Gennes) の受賞講演のタイトルに使われたのが一般に知られるようになった最初であろう．彼のノーベル賞の受賞理由は，「単純な系の秩序現象を研究するために開発された手法が，より複雑な物質，特に液晶や高分子の研究にも一般化され得ることの発見」である，とされている．「単純な系の秩序現象を研究するために開発された手法」とは，つまりは「物理学的な手法」である．それまで物理学が取り扱ってこなかった，液晶や高分子などのより複雑な物質系を，物理学によって理解しようとしたときに「ソフトマター」と言う言葉が生まれた，と言える[1–3]．

　この「ソフトマター」と言われる物質群は，気体ではない物質（凝縮系，と言う）の中で，結晶性の固体を除いたものと言えばだいたい合っている．その代表的な物質は高分子で，単純な分子と同程度の大きさのモノマーが連なって巨大分子（ポリマー）となっていて，これらが糸まり状に絡まったり規則正しく折り畳まれたりすることにより秩序化し，それにより特異な物性を発現する．また石鹸の分子も代表的なソフトマターの1つである．この分子は水に馴染む部分と油に馴染む部分をもっているため「両親媒性」と言われる性質をもつが，これが水や油の中でナノスケールのヘテロ構造をとることにより洗浄などの機能を果たす．さらにテレビなどの表示デバイスに用いられる液晶は，非対称な形状をした分子が同じ向きに並ぶことにより液体と固体の中間の性質をもつソフトマターの一種である．

　結晶の場合は原子が数Åのスケールで規則正しく並んでいるので，その並ん

でいる1つの単位（いわゆる「単位格子」）の中の電子状態を理解すればマクロな性質も理解できる場合が多い．すなわち量子力学によるミクロな状態の理解が，マクロな物性の理解に直結する．一方単純な気体や液体の場合には，統計力学や熱力学によって分子集団全体の振舞いを記述できる．この場合，原子や分子の間の相互作用の詳細が問われることはなく，現象論的に記述するだけで事が足りる．

それに対してソフトマターは，多くの場合原子スケールからナノスケール，そしてマクロスケールに至る幾層かにわたる階層構造をもっている．そしてこれらの階層構造が外力に対してそれぞれどのように応答するか，ということがマクロな物性にも影響する．例えばソフトクリームは，水分子（氷）やタンパク質，油脂，空気などが mm 以下のサイズのクラスターを形成し，これらが混合していると言ういわゆる「コロイド状態」となっている．それにより，液体のように流れることなく自立しつつも，口の中に入れるとふわりと溶ける食感が得られる．もし水やタンパク質，油脂の分子が一様に混合してしたら，絶対に滑らかな（ソフトな）舌触りは得られない．

別の例をあげよう．両親媒性分子を水と油とともに混合すると，両親媒性分子は水の領域と油の領域の境界に集まって分子の長さ程度の厚みの膜を形成する．この両親媒性膜の両側にある水と油の領域は，ある特徴的な大きさ（数 nm～μm 程度）をもって分布する．また条件によっては組成や構造の違う 2 相あるいは 3 相に相分離する．すなわちこの系は，分子スケールから中間スケール，そしてマクロスケールと階層をもって秩序化する．このような両親媒性分子の性質は，洗剤だけでなく食品や化粧品，ペンキや潤滑剤など様々な工業製品に応用されている．

階層をもった秩序化，と言う意味で最も劇的なのは，生体物質，特にタンパク質の場合であろう．タンパク質はアミノ酸がつながって紐のようになった高分子だが，そのアミノ酸の配列を示す「一次構造」，直鎖高分子が折り畳まれて螺旋状の α ヘリックスや β シートになった「二次構造」，二次構造が規則的に組み合わされて立体的なサブユニットを構成する「三次構造」，そしてサブユニットが集合した「四次構造」と，それぞれの階層で特徴的な構造をとっている．そしてこれらがタンパク質同士，あるいは脂質やアミノ酸などの他の生体

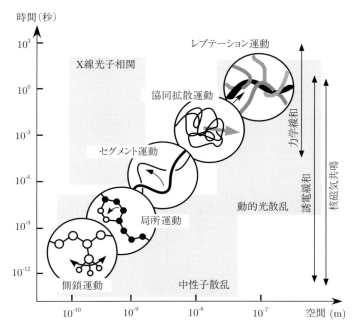

図 4.1 高分子の階層的構造と運動状態．横軸は空間スケールを m で，縦軸は運動の時間スケールを秒で表し，X 線や中性子，光散乱の手法がカバーする空間と運動のスケールを図示している．

分子と相互作用することによってダイナミックに変化することが，生体機能の発現に重要な役割を果たしている．そう考えると，ソフトマター系の階層的秩序の形成要因と機能との関係を明らかにすることによって，生命現象の本質の解明にもつながる，とも言える．

空間スケールにおける階層的秩序は，それぞれのスケールにおける運動状態の違いにもまた反映する．例えば高分子の場合，1nm 程度の分子スケールに着目すると，モノマーが平衡点の周りで振動している様子を見ることができるであろう（図 4.1 の「側鎖運動」と「局所運動」）．空間スケールを引き伸ばして数十 nm 程度にすると高分子は紐状に見えて，運動としては紐がゆらゆら揺ら

いでいるように見えるはずである（図 4.1 の「セグメント運動」と「協同拡散運動」）．そして更に大きなスケール（数百 nm 程度）で見ると高分子の紐は絡みあって糸まりのようになっていて，1 本ずつの高分子は他の高分子が作る細長い空間の中を蛇のようにくねりながら進んでいる（図 4.1 の「レプテーション運動」）．高分子の物性を理解するためには，これらのような各階層における空間構造だけでなく，それぞれにおける運動状態についても知る必要がある．

　ソフトマターが「やわらかい」と言う性質は，外力に対する力学的応答を調べることによって判断できる．ビニールやプラスチックなどの高分子材料に力を加えたときの変形量は，一般に金属などの固体に力を加えたときよりも大きい．そのうえ，加える力の時間の違いによって，力学的応答が違うと言うことも起こりうる．例えばゼリーやこんにゃくなどは，高分子の紐と紐が途中で「架橋点」と呼ばれる点で結びついていてネットワーク構造をとり，隙間の空間に水を保持している（このような物質を「高分子ゲル」と呼ぶ）．これらのゲルは一定以上の速さで力を加えると架橋点が動かないため弾性体としての性質（固体のような性質）を示すが，ゆっくりした力が加わると架橋点のつなぎ変えが起きて流体（粘性体と呼ぶ）のように振る舞い，力を除いても元の形には戻らない．すなわち加える力の時間スケールによって固体のように振る舞ったり，流体のように振る舞う性質（弾性と粘性の間の性質なので「粘弾性」と呼ぶ）を示す．階層的構造のそれぞれのスケールに違う動的性質があると言うことが，加える力の特徴的時間の違いによって応答が違うと言う性質に対応していることになる．すなわち階層的構造は，静的構造だけでなく動的構造においても見られる．

　更に言えば生体物質も，動的に変形することによって機能を発現している，と考えられている．例えば前述のタンパク質は何種類かのモードで振動していて，その振動が他のタンパク質などの結合に関係していると考えられている．また遺伝情報の担い手である DNA も同様に二重螺旋から始まる階層的構造をとっていて，紐が折り畳まれたりほどけたり，と言う相転移が遺伝情報を伝える際に上手に利用されていることがわかってきている．

　加えて生体機能との関連で重要なのは細胞の大きさに対応する μm 以下のスケールの構造だが，このスケールは熱揺らぎの影響が大きい．また系の秩序もエントロピー的な力によって保たれていることが多いので，正確な理解のため

にはエネルギーの出入りを前提とした非平衡統計力学の枠組みが必要である.

以上,「ソフトマター」と言われる一連の物質群の特徴について述べた. 以下では典型的なソフトマターとして両親媒性分子を取り上げて, これらが水や油とともに作る構造と物性の特徴について説明する. 続いてある条件を変えることによって構造変化が起きる, と言う現象を例として取り上げ, ソフトマターの構造と運動状態を X 線と中性子を用いてどう理解するか, と言うことについて説明する.

4.2 両親媒性分子

両親媒性分子は水に馴染む親水基と油に馴染む疎水基をもつ分子で (図 4.2), 界面活性 (水と油などの違う物質の界面を作りやすくする性質) を示すことから洗浄や乳化などの作用をもち日常生活にも広く用いられている. またこの界面によって隔てられた領域が様々なメゾスケールの構造を自発的に作ることから, ソフトマターの物理の研究対象として広く興味をもたれてきた. この節では両親媒性分子が溶液中でどのように凝集し構造形成を作るか, と言う点について, その基礎を説明する[4, 5].

4.2.1 親水性と疎水性

水と油は容易に混合しないと言うことは, 日常生活で頻繁に体験することである. また水に溶けやすい物質, 油 (あるいは有機溶剤) に溶けやすい物質があることも, 日常の体験から知っていることであろう. 水に溶けやすい, あるいは馴染みやすい性質のことを**親水性 (hydrophilicity)** と呼び, 油に溶けやすい, あるいは馴染みやすい性質のことを**疎水性 (hydrophobicity)** あるいは**親油性 (lipophilicity)** と呼ぶ. また, 分子の中で親水性をもつ部分を**親水基 (hydrophilic part)**, 疎水性をもつ部分を**疎水基 (hydrophobic part)** と呼ぶ.

一般に親水性をもつ物質は電荷を有していたり, あるいは分極していることが多い. 一方疎水性物質は電気的に中性の物質であり, 分子内に炭化水素をも

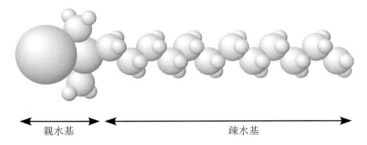

図 4.2 両親媒性分子の模式図．疎水基は炭素原子と水素原子からなる鎖（炭化水素鎖）からできている．

つものが代表的である．疎水性を示す分子が何故水に馴染まないかと言う点に関しては，一般には**疎水性相互作用 (hydrophobic interaction)** が働くからである，と説明されることが多い．すなわち水が形成するネットワークの中に疎水性の分子が入ることにより水素結合を壊し，これにより水の分子の配向方向の自由度が減ってエントロピー的に損をするから，と言う説明である．しかしながらこの説明は，必ずしも見通しの良いものではない．

　2種類の液体を混合したときに一様に混合するかどうかは，系全体を記述する自由エネルギー F によって決まる（$F = U - TS$．ここで T は絶対温度）．自由エネルギーには分子間相互作用からの寄与 U と，エントロピーからの寄与 TS があり，分子間相互作用は同種の分子間に働くものと，異種分子間に働くものの両方を考慮する必要がある．すべての分子間には例外なく分子性結合による相互作用（ファン・デル・ワールス相互作用）によって引力が働いており，それは水分子と油分子についても同様である．しかしながら水分子は永久電気双極子モーメントをもっているため，分子間にはこれによる強い引力相互作用も働いている（これが，水が同程度の分子量の物質と比べて高い融点と沸点をもつ理由である）．したがって水分子同士には，水分子と油分子の間の引力や油分子同士の引力よりもはるかに強い引力が働く．これにより，見かけ上油分子が水に嫌われているような振舞いを示す．すなわち疎水性相互作用と言う直接的な相互作用が疎水性分子間に働いている，と考えるよりも，溶媒を介して間

接的な相互作用が働いている，と考える方が自然である．

　水分子は水分子同士が強く引きつけあい油分子を排除することから，水と油はマクロスケールで相分離する．このとき水と油の境界面（**界面**）は異種分子が隣り合っている分だけエネルギー的な損失が大きいので，なるべく小さな面積にしようとする力（**界面張力**）が働く．一方，1つの分子内に親水基と疎水基をもつ両親媒性分子は，水と油の界面に吸着して安定化させる傾向をもつ．すなわち十分な量の両親媒性分子があれば，水と油の界面を増やしてもエネルギー的に不利にならない．このような効果を**界面活性 (surface activity)** と言い，両親媒性分子を**界面活性剤 (surfactant)** とも言う．この働きを使うことにより，水と油の相分離領域の大きさをミクロ～ナノスケールにまで小さくすることができる．つまり日常生活で頻繁に用いられているように，界面活性剤（＝石鹸，洗剤）を用いて油分子を水の中に分散させることができる．

4.2.2　ミセルの形成

　両親媒性分子を水のような単一の液体に分散させると，疎水基が水と接触することによるエネルギー的な損失を回避するため，ある濃度以上で凝集体（**ミセル (micelle)**）を作る．溶液が水の場合には両親媒性分子の疎水基を内側に向けて水と接触する部分を親水基で保護するような形状となり，そのサイズは1個の分子よりもはるかに大きくなる．このミセルは共有結合で結びついているわけではなくエントロピーと同程度の力で安定化されているため，温度や濃度，あるいは両親媒性分子の濃度に応じて大きさと形は変化し，またミセルのサイズにも分布ができる[6]．

　ここではまず，ミセル1個が N 個の両親媒性分子の凝集体である，と考えよう．一般に凝集数 N の凝集体のエネルギーは $E_N = k_B T N \epsilon_N$ と表せる．ここで ϵ_N は両親媒性分子1個あたりの凝集エネルギーである．簡単のため水分子と両親媒性分子の体積を等しいと考え，分子1個あたりの自由エネルギーを f とすると，f は凝集エネルギーとエントロピーの和として次のように書ける．

$$f = \sum_N \frac{P_N}{N} \left[k_B T \left(\log \frac{P_N}{N} - 1 \right) + E_N \right] \tag{4.1}$$

ここで P_N は凝集数 N のミセルに取り込まれた両親媒性分子の割合，すなわち（両親媒性分子）/（両親媒性分子＋水分子）である．したがって N 凝集体の数密度は P_N/N に比例している．両親媒性分子のモル分率を ϕ とすると，

$$\phi = \sum_N P_N. \tag{4.2}$$

式 (4.2) の条件のもとで自由エネルギーを P_N について最小化すると，化学ポテンシャル μ が次のように得られる．

$$\mu = \epsilon_N + \frac{k_B T}{N} \log \frac{P_N}{N}. \tag{4.3}$$

この式の第 1 項は両親媒性分子を溶液中から取り出して N 個が凝集しているミセルに追加したときの自由エネルギー変化を表し，第 2 項はミセルの並進エントロピーを表している．

式 (4.3) を変形すると，

$$P_N = N \exp\left(\frac{N(\mu - \epsilon_N)}{k_B T}\right) \tag{4.4}$$

ここで $N=1$ とすることにより μ を消去して，1 個ずつ分散している両親媒性分子の割合 P_1 を用いて次のように書き直すことができる．

$$P_N = N \left[P_1 \exp \frac{(\epsilon_1 - \epsilon_N)}{k_B T}\right]^N. \tag{4.5}$$

もし $\epsilon_1 < \epsilon_N$ であれば，ほとんどの両親媒性分子は溶媒中に単独で存在する．一方 $\epsilon_1 \geq \epsilon_N$ が成り立つなら，ミセルが形成される．そして ϵ_N が N にどう依存するかによって，ミセルが有限サイズになるか無限の大きさまで成長するか，が決まる．

式 (4.4) において，$\mu < \min\{\epsilon_N\}$（ϕ が小さい場合に対応する）であれば P_N は大きい N に対して指数関数的に小さくなる．すなわち最も形成されやすいのは $N=1$ の場合であり，分子 1 つひとつが溶媒中に分散する．一方，$\mu - \epsilon_N$

が小さくなれば，大きなミセルができやすくなる．これは，小さなミセルを好む混合エントロピーの寄与が小さくなるからである．この，ミセルができやすくなる濃度を**臨界ミセル濃度 (critical micelle concentration=CMC)** ϕ_c と呼び，条件

$$\phi_c - P_1 = P_1 \tag{4.6}$$

により定義される．すなわち，$N>1$ のミセル中の両親媒性分子の割合が単独で溶解する両親媒性分子の割合と等しいとする．ϕ が ϕ_c よりも大きい場合単独の両親媒性分子の数はほぼ一定で，ϕ を増やすとミセルの数が増加する．この過程の詳細は，ϵ_N の N 依存性で決まる．

4.2.3 両親媒性分子の凝集構造

両親媒性分子が水などの溶液中で凝集するとき，図 4.3 に示すような様々な形状の凝集体を作る．どのような場合にどのような構造が作られるか，と言う問題は両親媒性分子の親水基間相互作用や疎水基間相互作用，溶媒との相互作用，配置エントロピーなどが絡むためそう簡単ではないが，それらの影響をひとまとめにして分子形状によって整理した考え方が，イスラエラチビリ (J. Israelachvili) によって提案された**臨界充填パラメータ (critical packing parameter)** の概念である．彼のアプローチによれば，両親媒性分子の形状は 3 つのパラメータで記述される．すなわち**最適頭部断面積 (optimum head-group area)**a_0, **臨界鎖長 (critical chain length)**l_c, および**疎水基体積**

球状ミセル　　　棒状ミセル　　　二重層膜

図 4.3　界面活性剤が作る凝集構造の例．

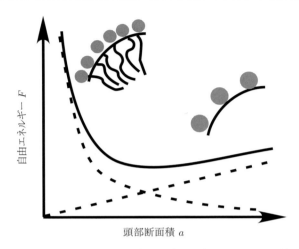

図 4.4 親水基頭部の断面積 a と自由エネルギー F の関係.

(hydrocarbon volume)v である.v は単純に疎水基部分の体積で決まり,l_c は炭化水素鎖が十分に伸び切ったときの長さである.

ミセル中の両親媒性分子の a_0 は,図 4.4 に示したような考察から得られる.もし親水基頭部を無理に近づけようとすると,親水基間に働く電気的な相互作用などにより自由エネルギーが上昇するであろう.一方,親水基頭部を無理に引き離そうとすれば,疎水基が水分子に接触するようになって界面張力が上昇するはずである.したがって,これら 2 つの要因がバランスして自由エネルギーが最小になる値が,親水基頭部の最適な断面積 a_0 となる.

簡単な幾何学的な議論から,ミセルが球状になる条件を求めることができる.もし M 個の両親媒性分子が半径 r の球状ミセルを作っているとすると,ミセルの体積は $4\pi r^3/3 = Mv$,表面積は $4\pi r^2 = Ma_0$ である.これらから M を消去すれば,半径は $r = 3v/a_0$ である.ここで球状ミセルになるためには半径 r が臨界鎖長 l_c より小さくなければならない.すなわち

$$\frac{v}{l_c a_0} \leq \frac{1}{3}. \tag{4.7}$$

ここで左辺

$$N_s = \frac{v}{l_c a_0} \tag{4.8}$$

を両親媒性分子における臨界充填パラメータと呼ぶ．このパラメータを用いて親水基頭部の面積を見積もったり，その逆を行うことができる．また臨界充填パラメータは溶液の濃度にも依存し，特に溶媒の量の変化が a_0 の値に強く影響することが知られている．

円筒状のミセルについても同様の考察をしてみよう．長さ l の M 個の両親媒性分子が半径 r の円筒を形成したとすると，体積は $\pi r^2 l = Mv$，表面積は $2\pi r l = M a_0$ である．これらの式から $r = 2v/a_0$ が得られるので，充填パラメータに関する条件式は

$$\frac{1}{3} < N_s \leq \frac{1}{2} \tag{4.9}$$

となる．さらに図 4.5 に示すように，N_s の値によって取りやすい凝集構造が決まる．

4.2.4　二重層膜とベシクル

比較的大きな疎水基と小さな臨界鎖長をもつ両親媒性分子は，疎水基を内側に，親水基を外側にして平板状に凝集して**二重層膜 (bilayer)** を形成する．典型的な例の 1 つは，生体膜を構成する主成分の 1 つであるリン脂質である．これらはリン酸基を含む親水基頭部に 2 本の疎水基が付いた形をしている．

二重層膜を形成する両親媒性分子の凝集体，すなわち「ディスク状ミセル」の CMC 以上でのサイズ分布を考えるには，円筒状ミセルの場合と同様に末端（と言うより，この場合はディスクの縁）を形成することによるエネルギーの損失を考えればよい．それによると両親媒性分子 1 個あたりのエネルギーは

$$\epsilon_N = \epsilon_\infty + \frac{\alpha k_B T}{\sqrt{N}}. \tag{4.10}$$

またこれと式 (4.4) により

$$P_N = N[P_1 e^\alpha]^N e^{\alpha \sqrt{N}}. \tag{4.11}$$

図 4.5 両親媒性分子の凝集体形状と充塡パラメータの関係.

この結果を円筒状ミセルの場合と比較すると，$e^{-\alpha}$ の代わりに $e^{-\alpha\sqrt{N}}$ とおいただけの違いだが，しかし質的にはかなり違っている．ディスクの場合には大きくかつ有限な大きさのミセルの数は指数関数的に少なくなる．

形成された二重層膜のミセルが「硬いディスク」ではなく「柔らかなシート」であれば，縁同士が融合してエネルギーロスを抑えることができる．これを二重層膜によってできた小胞（**ベシクル (vesicle)**）と呼ぶ．ここで，ベシクル形成のためには縁を無くすことによるエネルギー利得だけでなく，膜を曲げることによるエネルギー損失が生じることも考慮しなければならない．

4.2.5 曲率弾性モデル

膜を曲げることによって生じるエネルギーロス，すなわち**曲げ弾性エネルギー (bending energy)** を考えるためには，任意の曲面には 2 つの**主曲率**

(principal curvature)c_1 と c_2 が存在する，と言うことからスタートする．ある曲面上の点において適当に法線ベクトルと接線ベクトルをとって平面を定め，このときに曲面との交わりとしてできた平面曲線の曲率を法曲率と言うが，これら無数に存在する法曲率のうち最大のものと最小のものをとったものが主曲率である．図4.6に典型的な曲面を2つ示す．左の図のように球面状の曲面の場合には c_1, c_2 はいずれも正になり，右のような馬の鞍状の曲面の場合には c_1 は正，c_2 は負になる．

これらの物理量を用いると，微小面積 dA を曲率 c_1 と c_2 をもつ面に変形させるときの弾性エネルギーを次のように書くことができる[7]．

$$\Delta E_{el} = \left[\frac{\kappa}{2}(c_1 + c_2 - 2c_0)^2 + \bar{\kappa} c_1 c_2 \right] dA. \tag{4.12}$$

ここで c_0 を**自発曲率 (spontaneous curvature)** と呼ぶが，これは両親媒性分子の形状からくる充填の仕方によって決まる量である．また曲げの量に対する比例係数である κ と $\bar{\kappa}$ は，それぞれ**曲げ弾性係数 (bending modulus)** と**サドル・スプレイ弾性係数 (saddle-spray modulus)** と呼ばれる．安定状態にあるフィルムの場合，κ は通常正になる．すなわち**平均曲率 (mean curvature)** $(c_1 + c_2)/2$ が自発曲率と等しくなったときがエネルギー的に最も小さくなる．一方，サドル・スプレイ弾性係数は，図4.6の右のような変形に対するエネルギー損失を表す．

ここで述べたような曲率弾性モデルは，臨界充填パラメータを用いたモデルと互いに関連がある．例えば図4.6を見ればわかるように，臨界充填パラメータが小さくなれば平均曲率は大きくなる．臨界充填パラメータを直接測定する

図 4.6 曲面の主曲率の典型的な例．

ことは容易ではないが，曲げ弾性係数などの物理量は光学顕微鏡による観測や中性子散乱を用いて測定可能であり，両親媒性膜の柔らかさを特徴づけて物性と関連付けることができるため有用である．

4.3 実験手法

実際の研究例を説明する前に，研究に用いられる実験手法を紹介する[8]．

4.3.1 小角散乱法

小角散乱 (Small-Angle Scattering) という手法はX線や中性子を用いた散乱実験手法の一種である．回折現象はブラッグの法則

$$2d\sin\theta = n\lambda \tag{4.13}$$

に従うが，X線の波長は 0.1 nm 程度（中性子の波長はもう少し長い波長を用いるが最長で 1 nm 程度）なので，特徴的長さが数 nm〜数十 nm の構造を対象にする場合は散乱角 2θ は数度の領域（小角散乱領域）に出る．**X線小角散乱 (Small-Angle X-ray Scattering = SAXS)** は線源を研究室レベルで保有できるため手軽に利用することが可能であり，また放射光を用いれば質の高いデータを短時間で得ることができる．一方，**中性子小角散乱 (Small-Angle Neutron Scattering = SANS)** は原子炉や陽子加速器などで発生する中性子を用いなければならないため大型施設が必要であることや，X線と比較して大きな試料を用意しなければならないなど使いにくい面はあるが，X線ではわからない情報が得られると言う利点がある．したがって，構造を調べようとする場合，それぞれの特徴を考えつつ目的に応じて使い分ける必要がある．

ここで運動量遷移（または波数）Q を次のようにおく．

$$Q = \frac{2\pi}{d} = \frac{4\pi\sin\theta}{\lambda}. \tag{4.14}$$

X線小角散乱，中性子小角散乱によってそれぞれの運動量遷移 Q における散乱強度 $I(Q)$ は次のように書ける．

$$I(Q) = I_0 SDT_s \frac{d\Sigma}{d\Omega}(Q) \Delta\Omega \qquad (4.15)$$

ここで I_0 は入射強度，S と D は試料の断面積と厚み，T_s は試料の透過率，$\Delta\Omega$ は検出器の素子が見ている立体角である．この中で微分散乱断面積 $\frac{d\Sigma}{d\Omega}(Q)$ は

$$\frac{d\Sigma}{d\Omega}(Q) = \Delta\rho^2 n V^2 P(Q) S(Q) \qquad (4.16)$$

($\Delta\rho$ は散乱のコントラスト，n と V は散乱体の数密度と体積) で与えられるが，実験結果を散乱体形状のフーリエ変換である形状因子 $P(Q)$ と，散乱体同士の空間相関のフーリエ変換である構造因子 $S(Q)$ に分けて解析することによって，物質の構造の詳細がわかる．

X 線は原子核を取り巻く電子雲によって散乱されるため，一般に原子番号の大きい元素の散乱能が高く，観察しやすい．逆に言えば水素やリチウムなどの

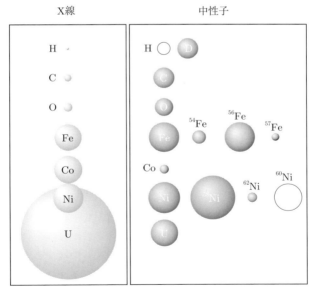

図 **4.7** X 線と中性子の散乱断面積の違い（中性子の白丸は散乱断面積がマイナス）．

軽元素を見るにはあまり向いていない．また異常散乱などの特殊な手法を使わない限りは，原子番号の近い元素を見分けるのは難しい．

一方，中性子は原子核によって散乱されるため，散乱能は原子番号の順に並んでいるわけではない（図 4.7）．したがって，軽元素でも重元素よりもよく見える場合がある．高分子や液晶などのソフトマターや生体物質は水素，酸素，炭素など軽い元素から構成されている場合が多いので，X線で見るよりも中性子を用いた方が相対的に観察しやすい，と考えてよい．そのうえ中性子には，同位体によって散乱能が著しく変化する，と言う特徴がある．例えば軽水素の散乱断面積は -0.374×10^{-12} cm なのに対して，重水素は 0.667×10^{-12} cm である．すなわち物質の軽水素を重水素に置換することによって，化学的な性質を変えることなく散乱のコントラストを変化させることができる．このような手法を「重水素標識法」と呼び，ある部分をラベリングして構造を調べたいときに用いられる．これにより，例えば絡み合った高分子鎖の1本に着目して構造を決める，という使い方ができる．

4.3.2 中性子スピンエコー法

中性子散乱は X 線と同様に原子・分子のスケールからナノスケールに至る構造を決めることができる手法だが，軽元素や同位体の位置決定ができると言う以外に，試料とのエネルギーのやりとりのある非弾性散乱（あるいは準弾性散乱）を測定することにより，物質内部の動的状態を知ることができる，という特徴がある．波長が $0.1 \sim 0.4$ nm の熱中性子のエネルギーは $5 \sim 100$ meV だが，これは結晶格子の振動エネルギーと同程度である．したがって通常の中性子非弾性散乱では，単結晶からの散乱（3軸法）や中性子の飛行時間を解析すること（Time Of Flight 法）により散乱中性子のエネルギー分布を調べ，試料とのエネルギーのやりとりから格子振動などの状態を明らかにする．しかしながら，これらの方法ではエネルギー分解能を上げるためには入射中性子のエネルギー分解能を良くする必要があるので，波長の長い中性子を用いても分解可能なエネルギーは数十 μeV 程度までであり，それよりも小さなエネルギー変化を調べることは容易ではない．

この問題点を回避するために 1970 年代にハンガリーのメザイ (F. Mezei) が考案し[9], その後フランスのラウエ・ランジュバン研究所などで実用化された方法が**中性子スピンエコー法 (Neutron Spin Echo = NSE)** である. これは中性子スピンの磁場中での歳差運動を時間の「ものさし」として用いることにより, 入射中性子の波長分布を残したままで（すなわち入射中性子を「削る」こと無しに）高いエネルギー分解能（数十 neV 程度）で測定できるという手法で, 中性子非弾性散乱の実験法としては最もエネルギー分解能を高くできる. また, NSE のデータは中間相関関数 $I(Q,t)$（動的構造因子 $S(Q,\omega)$ のエネルギーに関するフーリエ変換）によって得られるため, 緩和現象を調べるのに適している. NSE の手法は原子スケールから数百 nm 程度までの空間相関について応用可能だが, 特に小角散乱領域における原子や分子の集団の運動を測定するのに適している. そして同時に同位元素置換による散乱コントラストの変化を利用すれば, 見たい部分（例えば高分子 1 分子とか両親媒性分子膜だけ, など）の運動状態にポイントを絞って測定する, と言うことも可能である. ソフトマターは原子スケールからマクロスケールに至る階層構造をもっているところに特徴があり, とりわけ特徴的長さが数 nm 程度の構造が重要だが, この空間スケールに対応する運動のエネルギー領域は数 neV～サブ meV 程度になる. したがって, これまでも NSE は様々なソフトマター研究に利用され, 大きな成果を上げてきている.

では, この NSE 実験法について簡単に紹介する. 中性子が磁場 B の中を通ったとき, 中性子スピンのラーモア歳差運動の角速度 ω_L は次のように書ける.

$$\omega_L = -4\pi\gamma_n\mu_N B/h \tag{4.17}$$

ここで γ_n は中性子の磁気回転比, μ_N は核磁子である. すなわち中性子スピンの歳差運動の速さは, スピンと磁場の間の角度や中性子の速度にはよらず, 磁場の強さのみで決まる.

ここで入射する中性子のスピンを揃えておいて, 試料で散乱される前後に磁場（散乱前を第一歳差磁場, 散乱後を第二歳差磁場と呼ぶ）の中を通すことを考える. そして磁場の強度と長さの積（磁場積分 D とする）を揃えて散乱前後で逆に回転させることにする. 散乱の前後で中性子の速度変化が無ければ（弾

性散乱のみならば),中性子の回転角は逆向きで同じなので,中性子スピンの位相は元に戻る.遅い中性子は磁場中に滞在する時間が長いのでたくさん回転するのに対して,速い中性子はあまり回転しないが,散乱前後の回転角はどれも同じなので,中性子速度によらずにすべての中性子スピンが最初の位相に戻る.この現象を「スピンエコー収束」と呼ぶ.

もし試料で非弾性散乱により中性子の速度が変わると,その中性子が第二歳差磁場コイルで感じる磁場積分も変化するので,元の位相には戻らない.つまりその場合は「エコーが崩れる」ことになる.したがってカウンターの前に置いたアナライザで中性子の偏極率を測定して完全弾性散乱の場合に比べてどれだけ落ちたか(すなわち,元に戻らなかったスピンがどれだけあったか)を調べれば,散乱中性子に非弾性散乱がどれだけ含まれるかを非常に精度良く調べることができる.したがって,速い中性子と遅い中性子を同時に使って(つまり強度を落とすことなく)その速度変化を正確に調べることができる.

このようにエネルギーのやりとりによって中性子の速度が変化し,それによってできた回転角のずれを ϕ_{net} とおくと,アナライザを通る中性子の強度は本来の強度の $((1+\cos\phi_{net})/2)$ 倍になる.ここで中性子散乱において散乱角 2θ に到達する中性子強度は動的構造因子 $S(Q,\omega)$ に比例するので,NSE 実験で得られる中性子の強度は次のように書くことができる.

$$I_0(Q,t) = C \int_{-E}^{\infty} S(Q,\omega)[1+\cos\phi_{net}]d\omega. \tag{4.18}$$

ここで非弾性散乱が起きたことによる回転角のずれ ϕ_{net} は

$$\phi_{net} = \omega \frac{2\gamma_n \mu_N m_n^2 D \lambda^3}{h^3} \tag{4.19}$$

と書ける.ここで ω は非弾性散乱により中性子が得た(あるいは失った)エネルギーである.磁場積分 D は,中性子が飛んだ距離を L とすると次のように定義される.

$$D = \int_L |\mathbf{B}|dl. \tag{4.20}$$

式 (4.19) のうち ω に関係しない部分は時間の次元をもつので t とおく（これをフーリエ時間と呼ぶ）と，

$$t = \frac{2\gamma_n \mu_N m_n^2 D \lambda^3}{h^3} \qquad (4.21)$$

式 (4.18) に入っている積分範囲の下限 $-E$ は入射中性子のエネルギーだが，これは非弾性散乱によるエネルギー変化よりもはるかに大きいので下限を $-\infty$ としても本質的には同じである．さらに $S(Q,\omega) = S(Q,-\omega)$ と考えてもよいので，式 (4.18) の第 2 項はフーリエ変換だと考えることができる．すなわち

$$I(Q,t) = C\int_{-\infty}^{\infty} S(Q,\omega)d\omega + C\int_{-\infty}^{\infty} S(Q,\omega)\cos\omega t\, d\omega \qquad (4.22)$$
$$= C(I(Q,0) + I(Q,t)). \qquad (4.23)$$

これにより，NSE 実験のデータが動的構造因子 $S(Q,\omega)$ のフーリエ変換（中間相関関数）で得られることを示すことができた．フーリエ時間 t は実時間ではなく，空間相関 $S(Q)$ が時間とともにどのように変化するかを平均として示したものだ，と考えてよい．

4.4 マイクロエマルションの構造と相転移

4.4.1 イオン性界面活性剤・水・油の系

両親媒性分子の親水基の種類により，界面活性剤は 2 種類に分類することができる．すなわち，対イオンが解離して電荷をもつ**イオン性界面活性剤**と，親水基の中で強く分極しているものの対イオンの解離のない**非イオン性界面活性剤**である．一般に使われる石鹸に含まれる両親媒性分子は脂肪酸のナトリウム塩またはカリウム塩であり，いずれもイオン性界面活性剤である．これに対して，台所用洗剤の主成分であるポリオキシエチレンは代表的な非イオン性界面活性剤であり，その性質により中性洗剤とも呼ばれる．

代表的なイオン性界面活性剤である AOT（正式名称は sodium bis (2-ethylhexyl) sulfosuccinate．AOT は商品名で "Aerosol-OT" の略）と水とデ

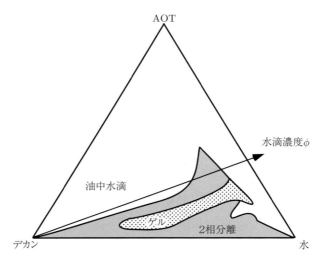

図 4.8 AOT/水/デカン系の模式的な相図．三角形の各頂点はそれぞれの成分が 100% であることを表す．AOT の分量が少ない場合には 2 相分離，ある程度以上の AOT 濃度では油中水滴構造になる．

カンなどの油を混合した系は，コサーファクタントや塩などの添加物なしに広い組成範囲で相分離せず一相になることから，典型的なマイクロエマルションとして化学と物理の両面から広く研究対象となってきた．図 4.8 はこの系の室温常圧における模式的な相図で，過去の研究により次のような性質がわかっていた[10–15]．

- AOT 分子の疎水基は 2 本で親水基に比べて体積が大きいため，両親媒性分子が凝集すると水を内側にする方向に曲がりやすい（自発曲率が正）．そのため広い組成範囲で**油中水滴構造**（water-in-oil droplet 構造＝w/o 構造）を形成する．
- droplet のサイズは AOT と水の体積比で決まる．図 4.8 の右上がりの矢印は droplet サイズが一定のラインで，全体に対する AOT と水の体積分率の和を ϕ とする（$\phi = \phi_{AOT} + \phi_{water})/(\phi_{AOT} + \phi_{water} + \phi_{decane})$ と，

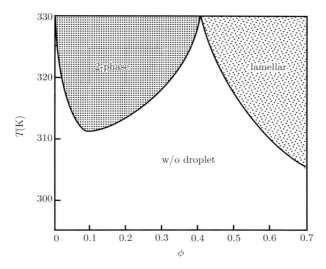

図 4.9 AOT/水/デカン系の温度と droplet 濃度 ϕ についての相図．室温付近では全組成で w/o 構造となるが，温度上昇に伴って $\phi < 0.4$ では 2 相分離が起きるのに対して，$0.4 < \phi$ ではラメラ構造が現れる．

ϕ は droplet 濃度を表すと考えることができる．

- $\phi < 0.4$ の「希薄 droplet」では温度上昇により相分離し，$\phi < 0.1$ 付近の組成で droplet 濃度揺らぎに起因する臨界現象を示す．また $0.4 < \phi$ では温度上昇によりラメラ構造が表れる．（図 4.9）
- 圧力上昇によっても温度上昇と同様の構造変化が起きる．

以上の他に，NaCl などの塩を加えることにより温度上昇の効果を抑制できることや，温度上昇により電気伝導度が急激に上がる，などの実験事実が知られている．そしてそれらの結果から，温度による構造の変化は AOT の親水基からの Na^+ イオンの解離度が上がることに起因していること，droplet 間に短距離の引力相互作用が働いていることなどが明らかになっていた．

4.4.2　濃厚 droplet 系の圧力誘起相転移

　この AOT の濃厚な droplet 構造がラメラ相に転移する過程に着目し，温度変化と圧力変化の違いを SAXS を用いて調べた結果を紹介する[16]．実験は高エネルギー加速器研究機構の放射光実験施設 Photon Factory のビームライン BL-15A に設置されていた X 線小角散乱装置で行った．試料としては AOT と水のモル比を 40.8 に固定し，droplet 濃度 ϕ が 0.6 になるように調整している．図 4.10 は SAXS の散乱プロファイルの圧力依存性で，常圧で見られる $Q = 0.5$ nm^{-1} 付近の幅の広いピーク（droplet 間相関に由来する）が圧力上昇とともに見えなくなり，新たに $Q = 0.9$ nm^{-1} 付近にラメラ構造に由来する鋭いピークが成長していることがわかる．すなわち温度を上昇させたときと同様に，droplet 構造からラメラ構造への相転移が見られている．

　得られた散乱曲線を，小角散乱の標準的な解析手法に従い形状因子 $P(Q)$ と構造因子 $S(Q)$ の積であると考える．前述したように低圧では「油中水滴構造」であることがわかっているので，形状因子としては球状粒子からの散乱の式を用いる[17]．一方，構造因子については，半径 R_0 の硬い核とその外側の狭い範囲に及ぶ深さ Ω の引力ポテンシャルがある場合に対する構造因子の式を用いる[18]．図 4.10 の 0.1 MPa の散乱に重なった実線はそのモデルを用いた解析の結果で，実験結果とよく一致している．

　図 4.11 に，解析により得られた droplet 間引力ポテンシャルの深さ Ω の圧力依存性を，転移開始圧力 P_s を基準にした圧力の関数として表した．データのばらつきは大きいものの圧力を上げれば Ω が小さくなる，すなわち引力が強くなる傾向が出ていることは明らかなのに対し，温度による違いは現れていない．すなわち，droplet 間の引力は温度には依存しない一方で，圧力により増大することがわかった．この結果から，疎水基間の引力の増大により droplet からラメラへの構造変化が起きている，と解釈できる．

　イオン性界面活性剤は一般に温度上昇により親水基から対イオンが解離する割合が増えるため，親水基間の斥力相互作用が増大する．それにより親水基の頭部断面積 a が増えて，自発曲率が減少して油中水滴構造からラメラ構造に変化する，と考えられていた．それに対して圧力では疎水基側が変化しているこ

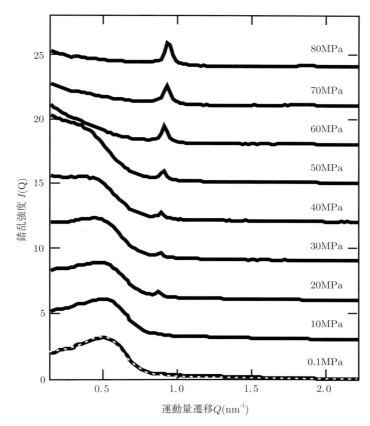

図 4.10 AOT/水/デカン系の SAXS プロファイルの圧力変化.

とが示唆されていたが,この実験結果はその予想に対する実験的な証拠を提示したことになる.すなわち温度と圧力の効果に対する小角散乱の実験結果を比較することにより,両親媒性分子系の構造形成要因を明らかにすることができた.

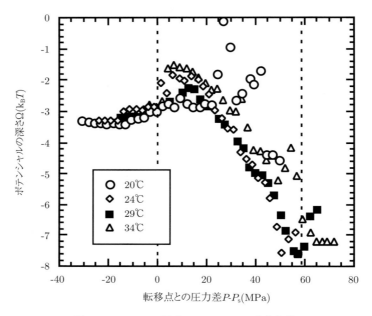

図 4.11　droplet 間ポテンシャルの圧力依存性.

4.4.3　曲げ弾性係数の温度・圧力依存性

　4.2.5 項で示したように，マイクロエマルションやラメラ，ミセルなどの両親媒性分子膜により構成されるナノ構造を決めるうえで重要な物理量が曲げ弾性係数である．この，両親媒性分子膜の曲げ弾性係数を実験的に決める方法として最も直接的なものの 1 つが 4.3.2 項で説明した NSE 法である．中性子を用いると両親媒性分子膜だけを「見る」ことができるが，NSE により散乱前後のエネルギー変化を調べることにより膜の構造緩和の速さがわかる．この緩和係数の Q 依存性をモデルと比較することにより，膜の曲げ弾性係数を求めることができる[19, 20]．

　実験は原子力機構の研究用原子炉 JRR-3 に東大物性研が設置している中性子スピンエコー装置 iNSE を用いて行った．中性子によって両親媒性膜だけを

4.4 マイクロエマルションの構造と相転移 | **185**

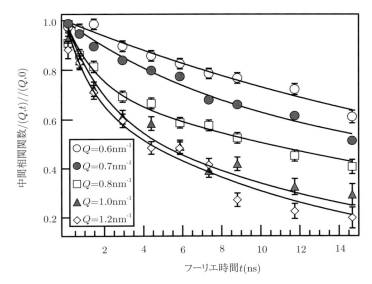

図 4.12 中性子スピンエコー実験で得られた droplet マイクロエマルションからの中間相関関数とその Q 依存性.

見るために，水として重水を，油として重水素化デカンを用いた試料を用意した．そして圧力を常圧に固定して温度を $T=10\sim65$ ℃まで変化させる "Temperature Run" と，温度を室温に固定して圧力を 0.1〜60 MPa まで変化させた "Pressure Run" と 2 系統行って，温度の効果と圧力の効果を比較している．この NSE 実験の結果を図 4.12 に示す．横軸はエネルギー遷移のフーリエ変換で，時間と同じ次元をもつ．縦軸は中間相関関数 $I(Q,t)/I(Q,0)$ で，時刻 0 における空間相関が時間とともに減少する様子を表す．

このプロファイルの解析には，ミルナーとサフラン (S. T. Milner and S. A. Safran) が提案したモデルを用いる[21, 22]．これは droplet の変形を球面調和関数で展開し，それぞれの変形モードが特有の時定数をもつと言うモデルである．これによると中間相関関数は次のように書くことができる．

$$I(Q,t) = \left\langle \exp(-\Gamma_0 t) V_s^2 (\Delta\rho)^2 \left[f_0(QR) \right. \right.$$
$$\left. \left. + \sum_{l\geq 2} \frac{2l+1}{4\pi} f_l(QR) \left\langle |u_l|^2 \right\rangle \exp(-\Gamma_l t) \right] \right\rangle \quad (4.24)$$

ここで V_s は droplet の体積，$\Delta\rho$ は両親媒性分子膜の中性子散乱密度，f_l は l 次のモードの変形に関する形状因子で，Γ_l はそれらの変形の緩和時間の逆数である．例えば $\lambda = 2$ は球がピーナッツ状に変形するモードで，これより大きい次数のモードはより複雑な変形を表すが，対応する空間スケールも小さくなるためここで測定している Q レンジでは見えないと考えてよい．したがって，この解析では高次の変形モードを考慮する必要はなく，$\lambda = 2$ だけを考え，中間相関関数は簡単に次の形で近似できる．

$$I(Q,t) = I(Q,0) \exp(-(D_{tr} + D_{def}(Q))Q^2 t) \quad (4.25)$$

ここで D_{tr} は droplet の並進拡散に，D_{def} は変形拡散に関する拡散係数である．D_{def} は Q の関数として次の形に書ける．

$$D_{def}(Q) = \frac{5\Gamma_2 f_2(QR_0) \left\langle |u_2|^2 \right\rangle}{Q^2 \left[4\pi [j_0(QR_0)]^2 + 5 f_2(QR_0) \left\langle |u_2|^2 \right\rangle \right]}. \quad (4.26)$$

実験で得られる中間相関関数を式 (4.25) で解析して D_{tr} と $D_{def}(Q)$ を求め，得られた D_{def} を式 (4.26) でフィットして $\lambda = 2$ の変形に対応する緩和係数 Γ_2 を求める．この Γ_2 と中性子小角散乱から得られた droplet 半径 R_0，および droplet の内部と外部の粘性係数を用いることにより，両親媒性分子膜の曲げ弾性係数 κ を求めることができる．

図 4.13 に，得られた曲げ弾性係数 κ の温度依存性と圧力依存性を示す．横軸は室温常圧と相分離点で規格化してある．この結果より，温度上昇により両親媒性分子膜が柔らかくなるのに対して，圧力により膜が硬くなることがわかった．

この結果は，次のようなミクロな描像と一致する．温度上昇では Na^+ イオンが解離して親水基間に静電的な斥力が生じ，親水基の占める面積が増大する．

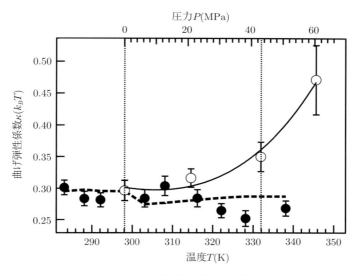

図 4.13 界面活性剤膜の曲げ弾性係数の温度依存性と圧力依存性.

これにより自発曲率が減少するが,それだけでなく両親媒性分子の自由体積も増大して,分子運動に関するエントロピーも変化するであろう.その効果は,「エントロピー力」として膜の曲げ弾性係数に影響する.一方,圧力の増大により分子間の自由体積が減少するが,その影響は両親媒性分子の疎水基同士,あるいは疎水基とそれを取り囲む油の分子との関係に及ぶ.SAXS の結果から圧力上昇により droplet 間の引力が増えることがわかったが,これは AOT の疎水基間の引力相互作用が増大すると言い換えてもよい.あるいは,AOT の疎水基と油の分子が隣り合うよりも,AOT 分子同士が隣り合った方がエネルギー的に安定になる,とも言える.AOT の疎水基間の引力が増大すれば,当然 AOT 分子膜は曲げにくくなり曲げ弾性係数は大きくなるであろう(図 4.14).すなわち NSE によるダイナミクスの測定とそれによる曲げ弾性係数 κ の温度変化・圧力変化に伴う振舞いは,SAXS で得られた構造変化のミクロな描像と一致する,と言ってよい.

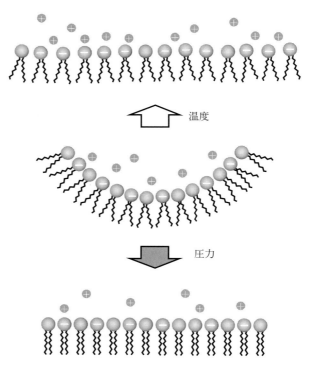

図 4.14 界面活性剤膜の温度変化と圧力変化の模式図.

4.4.4 非イオン性界面活性剤・水・油の系

　イオンが解離して親水基が電荷をもつイオン性の両親媒性分子の場合には，上記のように圧力変化では疎水基側が影響を受けるのに対して温度変化では親水基側の相互作用が主に影響を受け，その結果温度上昇と圧力上昇が同じような構造の変化をもたらした．それに対して親水基が電荷をもつのではなく分極している非イオン性の両親媒性分子の場合は，少なくとも温度変化に対するメカニズムは違うはずである．ここで非イオン性の両親媒性分子が水・油と混合して形成するマイクロエマルションに着目し，その構造の圧力変化を温度変化と

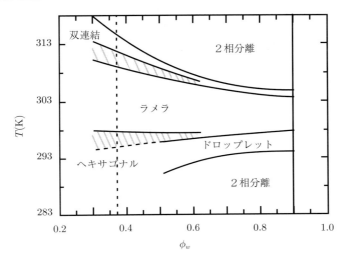

図 4.15 非イオン性界面活性剤 $C_{12}E_5$ と水，オクタンの混合系の温度と水の組成に対する相図.

比較した結果を紹介する[23].

試料として用いられているのは，非イオン性両親媒性分子として知られるポリオキシエチレンのうち $CH_3(CH_2)_{11}(OC_2H_4)_5OH$（$C_{12}E_5$ と略す）と水，オクタンの3元系である．$C_{12}E_5$ のオクタンに対する体積比を 1.37 に保ち，水の全体に対する体積分率 ϕ_w を変化させると図 4.15 のような相図が得られる．ここで例えば $\phi_w = 0.37$（図 4.15 の左の点線の組成）で温度を上昇させるとヘキサゴナルからラメラ構造を経て双連結構造に変化し，$\phi_w = 0.90$（図 4.15 の右の実線の組成）ではドロップレットからラメラ構造を経て 2 相分離する．

では圧力によってどのような構造の変化が起きるか．その 1 つの測定例が図 4.16 である．$\phi_w = 0.37$ の組成の試料（重水と重水素化オクタンを用いて両親媒性膜だけを見る条件～film contrast～にしてある）を 299.8K に保ち，圧力を常圧から約 100MPa まで上昇させ，その間の構造の変化を SANS を用いて調べた．常圧で見られるラメラ構造のピーク（$Q = 1.0$ nm^{-1} 付近）が圧力上昇とともに消えて，新たに 3 本のピークが成長してくる様子が見られる．ヘ

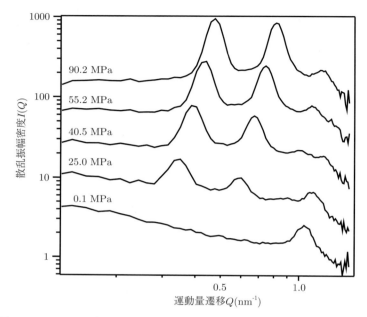

図 **4.16** $C_{12}E_5$ と水,オクタンの混合系の SANS プロファイルの圧力依存性.

キサゴナル構造を仮定すれば,これらのピークに (100),(110),(120) と指数付けが可能である.同様の解析は油として普通のオクタンを用いた試料 (bulk contrast) でも可能で,同じ構造パラメータを用いて指数付けができる.すなわちこの実験により,この系を加圧することにより温度上昇と逆の相転移が見られることが確認できる[20].

この実験と解析から得られた構造パラメータをまとめたのが図 4.17 である.ここで両親媒性分子 $C_{12}E_5$ の親水基が占める面積は圧力に依存しないことが知られているので,hexagonal 構造の単位構造である cylinder の半径と両親媒性分子膜の厚み (SANS のデータ解析から 1.55 nm と求められる) から 70 MPa における疎水基部分の体積を 0.607 nm^{-3} と見積もることができる.これを常圧 (0.1 MPa) における疎水基部分の体積 (0.702 nm^3) と比較すると,疎水基

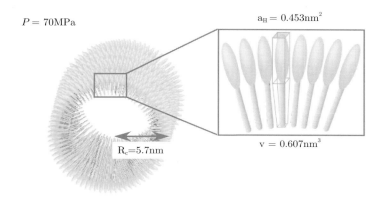

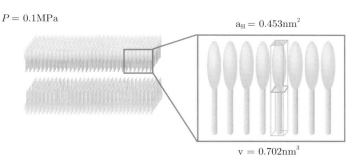

図 4.17 $C_{12}E_5$ と水，オクタンの混合系の構造パラメータの圧力依存性．

の等温圧縮率は 2.1×10^{-6} kPa^{-1} になる．この値は疎水基と同じ化学構造の油であるドデカンの圧縮率 (1.0×10^{-6} kPa^{-1}) と同程度の大きさである．すなわち圧力をかけることにより主に疎水基側の体積が変化し，それによって自発曲率が変化してラメラ相から hexagonal 相へ構造が変化した，と結論づけることができる．つまり非イオン性両親媒性分子の場合もまた，圧力の効果は疎水基側の圧縮として見ることができ，それがナノスケールの構造の相転移を引き起こすと言う結果となる．

以上，両親媒性分子と水，油によって作られるナノスケールの構造が圧力に

よってどのように変化するかについて，X線小角散乱，中性子小角散乱，および中性子スピンエコー法を用いて調べた結果を示した．それによると，イオン性両親媒性分子系では温度変化により親水基側が主に影響を受けるのに対して，圧力によって変化するのは疎水基側であることがわかる．また圧力が主に疎水基に影響を及ぼすと言うことは，非イオン性両親媒性分子系に対する実験によっても確認できる．

　一方この例から，温度や圧力などの変化によって誘起される分子スケールの変化が，ナノスケールの構造変化と直接対応しているわけではなく，ナノスケールに特有の物理量を介していることがわかるであろう．ここで紹介したマイクロエマルション系について具体的に言えば，分子スケールの構造や相互作用の変化は，膜の自発曲率や曲げ弾性係数の変化を通してナノスケールの構造に影響する．したがって微視的な要因の如何に関わらず，自発曲率の変化の方向が同じであればナノスケールの構造は同じように変化するのである．これはマイクロエマルションのようなソフトマターが分子スケールからナノ，そしてマクロスケールに至る階層構造をもっていて，それらが互いに独立しつつ密接な関係をもっていると言うことの，1つの証明だと言えるのではなかろうか．

4.5　リン脂質膜の構造とダイナミクス

　生体膜は細胞や細胞小器官など生体内の様々な場所で「外側」と「内側」を分ける役割を果たしており，その主成分は脂質とタンパク質である．生体機能の担い手として最も重要なのはタンパク質である，と言うのは確かだが，リン脂質そのものの性質も機能に関係していると言う考えは，不自然ではない．例えば生体膜中では液体状の膜の上に硬い「イカダ」のような部分ができて分布している，と言う「ラフト構造」の形成や，生体膜の複雑な形状の決定にリン脂質の相分離が影響している，と言う考えが提唱されている．またリン脂質膜がガン化した細胞を自発的死に至らせる，と言う研究[24]もあり，様々な広がりを見せている．ここでは主に物理学的な観点から，リン脂質がどのように構造を形成し，他の生体分子とともに自己組織化するかと言う問題について，中性子散乱を用いてリン脂質の構造とダイナミクスを調べた研究例を紹介する．

4.5.1 リン脂質ベシクルの構造

リン脂質は親水基と疎水基をもつ両親媒性分子なので，水中では疎水基を内側にして凝集し二重層膜を形成する．そしてリン脂質を単純に水と混合すると二重層膜が数 nm～数十 nm 間隔で周期的に積み重なってラメラ構造を形成し，これが μm サイズのタマネギ状の球（このような凝集体を「多層膜ベシクル」と呼ぶ）になるのが普通である．一方，作り方によっては，別の形態のベシクルを作ることができる．例えば「静置水和法」と呼ばれる方法（リン脂質を有機溶媒に溶かして固体基板上に滴下し，溶媒を飛ばしたあとに水に浸してリン脂質膜を膨潤させる）を用いると，単層の二重膜に包まれた小胞である「単層膜ベシクル」(Uni-Lamellar Vesicle=ULV) を作ることができる[25]．またこの ULV は，多層膜ベシクルに超音波や電場をかけることによっても作れる．このような ULV のうち，特に直径が数 μm～数十 μm のものを巨大単層膜ベシクル (Giant Uni-lamellar Vesicle=GUV) と呼ぶが，これは細胞のモデル系として様々な研究に用いられている．

リン脂質の二重膜やベシクルなどのナノスケールの構造を見るための手法として有効なのは，中性子小角散乱 SANS である．リン脂質は炭素，水素などからできているが，比較的軽い元素ばかりなので X 線では水とのコントラストが付きにくい．一方，中性子は同位元素を見分けることができて，特に軽水素と重水素の違いがはっきりとわかる．そこでリン脂質として通常の軽水素化物を用い，重水中で測定を行えばリン脂質が作る構造を決定できる．またある部分を重水素化したリン脂質を用意すれば，その特定部分に注目した構造解析も可能である．

このようなリン脂質ベシクルの SANS による研究例として，リン脂質分子のベシクル間の拡散速度とリン脂質二重膜の裏と表の間の移動（いわゆる flip-flop）の速度を見積もった研究[26]を紹介する．ここで重水素化したリン脂質による ULV と軽水素でできたリン脂質による ULV の2種類を作成し，これらを混合した瞬間からの時間変化を測定した，と考えよう．リン脂質分子は二重膜上に固定されているのではなく周囲の水との間を行ったり来たりしているので，例えば，重水素化リン脂質分子は「重水素化 ULV」から水の中に抜け出し，水中

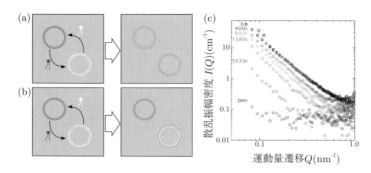

図 4.18 重水素化リン脂質と軽水素化リン脂質によるベシクルを混合した場合の時間変化. (a) flip-flop がある場合の模式図. (b) flip-flop が無い場合の模式図. (c) SANS 測定の時間変化.

を拡散して別の ULV に取り込まれる.すなわちある時間が経てば「重水素化 ULV」から「軽水素化 ULV」への,あるいは逆方向の分子の移動が起こって,重水素化リン脂質と軽水素化リン脂質が均一に混じった ULV になると考えられる.したがって,もし溶媒の重水と軽水の比を重水素化リン脂質と軽水素化リン脂質の比に合わせておけば,最初は見えていた溶液中の ULV が,徐々に見えなくなって行くはずである.一方,仮にリン脂質分子が二重膜の表側と裏側を行ったり来たりする「flip-flop」が無ければ二重膜の内側の組成は変化しないので,ULV が完全に見えなくなることはない.図 4.18 はこの状況を描いた模式図で,(a) ではリン脂質が裏も表も完全に一様になって水の部分との見え方に差がなくなっているが,(b) では内側の膜の水とのコントラストが残るため中性子に対するコントラストが残る.彼らはこの実験で得られた SANS プロファイルの時間変化 (c) を詳細に解析することにより ULV が時間とともに見えなくなることを示した.また DMPC の半分が交換される特徴的時間が 150 秒程度なのに対して,flip-flop の時間が 500 秒程度,との結果を得た.さらに,別のリン脂質を用いた実験結果から,flip-flop の特徴的時間がリン脂質の種類によることもわかった.生体膜においては表側と裏側のリン脂質の組成が違う非対称性があることが知られているが,それが何故なのかはわかっていない.こ

の結果により，細胞運動の特徴的時間スケールよりも十分に長い時間非対称性が保たれ得ると言うことがわかったわけで，この疑問に対する答えを探すうえで重要な成果だと言えるだろう．

　もう1つの例として，ベシクルにナノスケールの穴（ナノポア）ができる原因を調べた研究例[27]を紹介する．細胞膜は外側と内側を分ける「壁」の役割を果たすだけでなく，細胞に開いた穴を通して栄養素や老廃物などの物質の交換を行っている．多くの場合，膜に挿入された「チャネルタンパク質」によるナノポアの開閉によってイオンなどの流れを制御しているが，この場合は濃度勾配に逆らって物質を交換することができない．一方，物質を内部に含んだ小胞が細胞膜と融合する過程を経れば，濃度勾配によらず物質を交換することが可能である．この際，細胞膜と小胞の間にナノポアが開いて空間的につながる必要が生じる．したがって，リン脂質ベシクルに自発的にナノスケールの穴が開く条件を調べることは，細胞膜の機能を明らかにするうえでも意味がある．

　そこでナノポアを形成する脂質二重膜のモデルとして長鎖リン脂質/短鎖リン脂質混合系に着目し，SANS を用いてナノポアの形成メカニズムを調べた結果を紹介する．ここで用いられているリン脂質は炭化水素鎖の長さが14のジミリストイルフォスファチジルコリン (DMPC) と 6 のジヘキサノイルフォスファチジルコリン (DHPC) の組合せである．これら2種類のリン脂質は，低温 (24 ℃以下) で相分離して DMPC の脂質二重膜が DHPC の縁で覆われた平板ミセル（ナノディスク）を形成する．一方高温 (24 ℃以上) では DMPC と DHPC の相分離が解消され，一様に混合し始める．そのため，今まで DHPC で覆われていた縁の部分にエネルギー的な損失が生じ，これを解消するため平板ミセル同士が融合し，ベシクルや平板が積層したラメラ構造に転移する．この過程により，直径数 nm の単層膜ベシクルの表面にナノポアが自発的に形成されることがわかる．図 4.19 は SANS 実験の結果で，形状やサイズの違いに応じて SANS プロファイルに違いが現れる．穴の無いベシクルとナノポアベシクルの違いを SANS の結果だけから示すことは難しいが，蛍光分光を用いて脂質膜に対するイオンの透過能を調べることにより，ナノポアの形成を確認することができる．これらの実験により，ナノポアの形成メカニズムが長鎖リン脂質と短鎖リン脂質の相分離という普遍的な現象として理解できることを示すこ

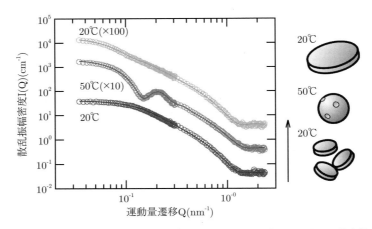

図 4.19 重水素化 DMPC/DHPC 混合系における SANS プロファイルの温度依存性.20℃で測定したあと 50℃で測定し,再び 20℃に温度を下げて測定を行っている.散乱プロファイルを解析することにより,最初に 20℃で測定したときには小さなナノディスクだったのが 50℃でベシクルになり,温度を下げて 20℃にすると大きなディスクになっていることがわかる.

とができた.

4.5.2 二重層膜の曲げ弾性係数

　リン脂質膜はリン脂質分子同士が共有結合などで結びついているわけではなく,疎水性相互作用によって凝集しているだけである.したがって,リン脂質分子そのものの熱揺らぎによって,あるいは周囲の溶媒のブラウン運動によって揺らいでいると考えられる.リン脂質膜の曲げ弾性係数は顕微鏡下で外力を加えてその応答を見る,あるいは電場中の変形の様子から見積もる,などの手法により調べられてきたが,前述のように NSE を用いれば膜の平衡状態における揺らぎそのものを測定できて,それにより膜の曲げ弾性係数を決定することができる[28].

　図 4.20 に,リン脂質膜に対する NSE の実験結果を示す.これは炭素数 16 の飽和リン脂質であるジパルミトイルフォスファチジルコリン (DPPC) の水溶液

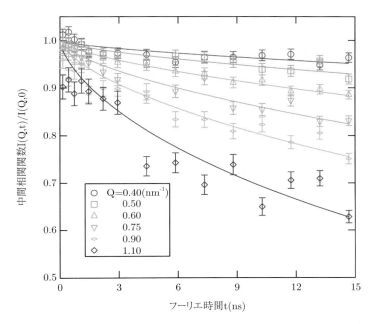

図 4.20 DPPC の重水溶液に 7 mmol/L の塩化カルシウムを加えた試料の 44 ℃における NSE 実験の結果.

に 7 mmol/L の塩化カルシウムを加えた試料の動的構造を示している.DPPC 水溶液にこの程度の塩化カルシウムを加えると,多層膜ベシクルの膜間隔は静電斥力により無限大にまで増大する.したがってここに示した Q の範囲で見る限りは散乱体(今の場合はリン脂質の二重層膜)同士の相関に起因する構造因子は無視してよく,単層膜の揺らぎだけを考慮すればよいことになる.

このような液体中の膜の自己相関関数を解釈するためによく用いられるのが,ジルマンとグラネック (A. G. Zilman and R. Granek) によるモデル[29] である.彼らは 2 次元膜の中間相関関数が次のような形で書けることを示した.

$$I(Q,t)/I(Q,0) = \exp\left[-(\Gamma t)^{2/3}\right], \tag{4.27}$$

ここで緩和係数 Γ は Q^3 に比例する.

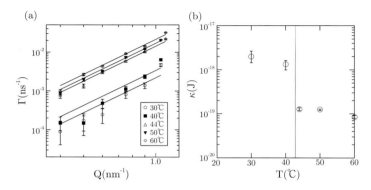

図 4.21 (a) 緩和係数 Γ の Q 依存性. (b) 膜の曲げ弾性係数 κ の温度依存性.

$$\Gamma = AQ^3. \tag{4.28}$$

膜の曲げ弾性係数 κ は,この Γ と溶媒の粘性係数 η を用いて次のように書ける.

$$\kappa = \left(A^{-1} \gamma_\alpha \gamma_K \left(k_B T \right)^{3/2} \eta^{-1} \right)^2. \tag{4.29}$$

図 4.20 の実験結果を式 (4.27) でフィットすることにより Γ の Q 依存性を求め,それを Q に対してプロットする.得られた結果(図 4.21(a))は Q^3 に比例していたのでその比例係数を求め,そこに実験時の温度と溶媒(重水)の粘性係数を代入することによりリン脂質膜の曲げ弾性係数 κ を求めることができる.その結果,$T = 43\,℃$ より高温側では 1×10^{-19} J 程度の大きさだったのが低温側では 10 倍以上の大きさになっていることがわかる(図 4.21(b)).これは,$T = 43\,℃$(主転移点)以上では DPPC 分子は疎水基が融解していて「液晶相」となっているのに対して,主転移点以下では疎水基が伸び切って密にパッキングした「ゲル相」となっていると言うように,温度によりリン脂質膜内の構造が変わったことに対応している.すなわち膜の曲げ弾性係数の違いは,このリン脂質分子の疎水基の状態の違いを反映している,と考えられる.

4.6 まとめ

　ここまで，典型的なソフトマターである両親媒性分子膜の構造とダイナミクスを，主にX線小角散乱と中性子小角散乱および中性子スピンエコー法を用いて研究した例を示した．これらの手法によりnmからサブμm程度のスケールの構造とその運動状態を明らかにし，秩序形成の要因を探ることができるが，それは両親媒性分子膜に限ったことではない．例えば，もう1つの典型的なソフトマターである高分子の研究はより幅広く行われており，とりわけ工業的応用を視野に入れた研究も増えている．また近年ではペプチドやタンパク質など生体物質の構造形成要因を明らかにして機能の解明に結びつけたい，と言う研究も増えており，多くの成果が出ている．加速器から作り出される放射光と中性子は，ソフトマターの階層的構造を明らかにする強力な手段の1つとして無くてはならないものになっている，と言っても過言ではない．

参考文献

[1] 瀬戸秀紀：『ソフトマター』，(米田出版, 2012).
[2] ウイッテン，ピンカス：『ソフトマター物理学』，(吉岡書店, 2010).
[3] 土井正男：『ソフトマター物理学入門』，(岩波書店, 2010).
[4] S. A. サフラン：『コロイドの物理学―表面・界面・膜面の熱統計力学』，(吉岡書店, 2001).
[5] 末崎幸生：『脂質膜の物理』，(九州大学出版会, 2007).
[6] R. A. L. Jones: *Soft Condensed Matter*, (Oxford University Press, 2002).
[7] W. Helfrich: Z. Naturforsch, **28c**, 693 (1973).
[8] T. Imae, T. Kanaya, M. Furusaka, N. Torikai, ed.: *Neutrons in Soft Matter*, (Wiley Inc., 2012).
[9] F. Mezei: Z. Physik, **255**, 146 (1972).
[10] S. H. Chen, J. Rouch, F. Sciortino, P. Tartaglia: J. Phys: Condens. Matter **6**, 10855 (1995).
[11] C. Cametti, P. Codastefano, P. Tartaglia, S. H. Chen: J. Rouch Phys. Rev. A, **45**, R5358 (1992).

[12] M. Kotlarchyk, E. Y. Sheu, M. Capel: Phys. Rev. A, **46**, 928 (1992).

[13] M. Kotlarchyk, S. H. Chen, J. S. Huang, M. W. Kim: Phys. Rev. A, **29**, 2054 (1984).

[14] S. H. Chen, S. L. Chang, R. Strey: J. Chem. Phys. **93**, 1907 (1990).

[15] M. Nagao, H. Seto: Phys. Rev. E, **59**, 3169 (1999).

[16] H. Seto, D. Okuhara, Y. Kawabata, T. Takeda, M. Nagao, J. Suzuki, H. Kamikubo, Y. Amemiya: J. Chem. Phys. **112**, 10608 (2000).

[17] M. Kotlarchyk, S. H. Chen: J. Chem. Phys. **79**, 2461 (1983).

[18] Y. C. Liu, S. -H. Chen, J. S. Huang: Phys. Rev. E **54**, 1698 (1996).

[19] Y. Kawabata, M. Nagao, H. Seto, S. Komura, T. Takeda, D. Schwahn, N. L. Yamada, H. Nobutou: Phys. Rev. Lett. **92**, 056103 (2004).

[20] Y. Kawabata, H. Seto, M. Nagao, T. Takeda: J. Chem. Phys., **127**, 044705 (2007).

[21] S. T. Milner, S. A. Safran: Phys. Rev., A **36**, 4371 (1987).

[22] B. Farago, D. Richter, J. S. Huang, S. A. Safran, S. T. Milner: Phys. Rev. Lett. **65**, 3348 (1990).

[23] M. Nagao, H. Seto, D. Ihara, M. Shibayama, T. Takeda: J. Chem. Phys. **123**, 054705 (2005).

[24] 船本幸太, 市原英明, 松下琢, 松本陽子, 上岡龍一: 薬学雑誌, **129**, 465 (2009).

[25] A. D. Bangham, M. M. Standish, J. C. Watkins: J. Mol. Biol. **13**, 238 (1965).

[26] M. Nakano, M. Fukuda, T. Kudo, H. Endo, T. Handa: Phys. Rev. Lett., **98**, 238101 (2007).

[27] N. L. Yamada, M. Hishida, N. Torikai: Phys. Rev. E **79**, 032902 (2009).

[28] H. Seto, N. L. Yamada, M. Nagao, M. Hishida, T. Takeda: Eur. Phys. J. E **26**, 217 (2008).

[29] A. Zilman and R. Granek: Phys. Rev. Lett., **77**, 4788 (1996).

第5章
エネルギー関連機能性物質

5.1 機能性物質とノーベル賞

　最近のノーベル賞は，物質の新しい「機能」の発見や発明に対して与えられることが多い．2014年のノーベル物理学賞は「青色発光ダイオードの発明」（赤﨑勇，天野浩，中村修二）に与えられたが，遡ると，2011年化学賞は「準結晶の発見」（シェヒトマン (Shechtman)）に，さらに，2010年「グラフェンの研究」（ガイム (Geim)，ノボセロフ (Novoselov)），2009年「CCD センサーの発明」（ボイル (Boyle)，スミス (Smith)），2007年「巨大磁気抵抗の発見」（フェール (Fert)，グリューンベルク (Grünberg)）に対してノーベル物理学賞が与えられている．2012年にノーベル物理学賞を受賞した「量子コンピュータにつながる基本技術」（アロシュ (Haroche)，ワインランド (Wineland)）も新しい機能と言える大きな貢献である．いずれのノーベル賞も従来の概念を覆し，ブレークスルーをもたらした研究に与えられた．また，素粒子物理学分野でのノーベル賞と異なり，私たちの身の周りに関わる大きな貢献であることが多い．「青色発光ダイオードの発明」の例では，ノーベル賞委員会は，「LED 照明の出現によって，これまでの光源にとって代わる，より長持ちする，より効率の良い光源を私たちは手に入れた」と評した[1]．このように私たちの生活を豊かに大きく変えてきたものが機能性物質（機能材料）であり，これからも大きな期待が集まっているのが機能性物質である．

5.2 機能性物質とは何か

　物質がもつ物理的性質や化学的性質を機能として利用する材料を機能（性）

材料とか機能性物質と呼ぶ．それに対して，建造物などに使われる鉄鋼やセメントなど，材料のもつ機械的強度を利用して，形状や構造を担っている材料は構造材料と呼ばれている．材料がもつ「機能」には，電子の振舞いに起因する物理的性質（磁性，誘電性，光学特性，熱電特性など）や，原子の振舞いに起因する物理的・化学的性質（イオン導電，電池，水素吸蔵など），さらに，界面やナノ構造に由来する性質などがある．それぞれの「機能」ごとに，現状の性能値と今後期待される目標値がある．性能を向上させて目標値を実現するには，まず，その機能が生み出される機構を知る必要がある．一方，高い数値目標は，従来の機構では達成不可能であり，全く新しい考え方を導入しないと，ブレークスルーが生み出されないという面がある．新しい「機能」を作り出す研究は急速にホットになってきており，その成果が先に述べたノーベル賞の増加に現れている．

本章では，さまざまな機能性物質のうち，エネルギー関連分野で研究されてきた機能性物質について紹介する．

5.3　イオン導電体とは何か

金属では電子が電気伝導を担うキャリアであるのに対し，イオンが伝導を担うキャリアであるものがイオン導電体である．イオン導電体の中でも，特に導電性のイオン結晶のおもしろさは，結晶の中をイオンがまるで液体の中のように自由に動き回ることにある．何故，おもしろいかというと，イオン結晶ではプラスとマイナスのイオン同士が，強いクーロン力によって規則正しく並び，固定されて動きにくくなっていると考えられるからである．高校ではイオン結晶は固体状態では電気を通さないと教えてきたし，実際，典型的なイオン結晶である岩塩 NaCl はイオンの移動度が低く絶縁体である．それに対して，導電性のイオン結晶では，イオンの移動度が極めて高く，規則的に配列して動けないイオンの中を，動けるイオンが高速に拡散する．どのような機構で動くのかが興味深くて研究されてきたが，最近になって理解が進んできたのである．

固体のイオン導電体は，電解質溶液に対して固体電解質と呼ばれ，特に高い導電率をもつときは，超イオン導電体とも呼ばれている（超イオン伝導体とも

呼ばれることもある）．固体電解質の研究が進むにつれ，電子が担う電気伝導体をエレクトロニクスというのに習い，イオン導電体を固体イオニクスと呼ぶようになっている．ところで，固体のイオン導電体には結晶性の物質と非晶質物質があるが，本書では主に結晶性の物質について解説する．

何故，特定の物質群において，高速なイオン拡散が生じるのか，どのような微視的過程を経てイオン拡散が起こるのかなど，基礎科学的研究はまだ不十分な点があるものの，おおむね2つの機構で以下のように理解されている．第一の機構は比較的低い導電率を説明する．結晶は一般に点欠陥，転位，面欠陥などの格子欠陥を含んでいるが，いくつかの物質のイオン拡散は点欠陥の存在で説明されている．空孔がある場合には，そこに正規の位置にあるイオンがジャンプし，そのイオンが占めていた場所が新たな空孔になる．その位置に近くのイオンがジャンプし，この過程が繰り返されることで，イオンが拡散していく．一方，空孔はイオンが拡散する方向と逆の方向に動いていく．格子間イオンがある場合には，格子間イオンが近くの格子間位置にジャンプし，これが繰り返される．空孔と格子間イオンの両者が組み合わされた拡散も起こる．このような点欠陥による拡散機構は古くから提唱されており，このような拡散機構をもつ物質の代表が，ジルコニアや $LaGaO_3$ に代表されるペロブスカイト型化合物である．これらの物質では，陽イオンを置換することで酸素欠損が増大し，酸化物イオンの拡散が促進されるため，酸素イオン導電体として用いられている．これらは，固体酸化物燃料電池の固体電解質として材料開発研究が集中的に行われている．

第二の機構はもっと高い導電率を説明するものである．ヨウ化銀は室温で閃亜鉛鉱型構造（$\gamma-AgI$，空間群 $F\bar{4}3m$, No. 216），137〜146℃でウルツ鉱型構造（$\beta-AgI$，$P6_3mc$, No. 186），146℃以上で bcc 型構造（$\alpha-AgI$，$Im\bar{3}m$, No. 229）に相転移する．$\alpha-AgI$ が超イオン導電相であり，その導電率は，1.3 S/cm と液体中のイオンと同程度以上の値を示す（図5.1）．$\beta-\alpha$ 相転移のエントロピーは 14.5 $Jmol^{-1}K^{-1}$ であり，α 相の融解時のエントロピー 11.5 $Jmol^{-1}K^{-1}$ にほぼ均しい．典型的なイオン結晶である岩塩 NaCl の融解時のエントロピー 24 $Jmol^{-1}K^{-1}$ と比較すると，ヨウ化銀の融解が2段階で進んでいるのではないか，という見方ができる．この見方では，$\beta-\alpha$ 相転移では

ヨウ素イオン I^- が作る骨格構造を維持したまま銀イオン Ag^+ が可動イオンとして液体のように動き回れるようになり（第一の融解），次に融解時には骨格構造を作るヨウ素イオン I^- も自由に動き回れるようになる（第二の融解）．第一の融解では，ヨウ素イオン I^- （図 5.2 灰色丸）が骨格を作り，銀イオン Ag^+ は黒丸（12d サイト）や黒丸をつなぐ位置（24h サイトや 6b サイト）をランダムに占有している．単位胞中に 2 つの Ag^+ が取り得るサイトが 42 と多いのが特徴であり，電場をかけると電場の方向に銀イオン Ag^+ が取り得るサイトを動き回っていると考えられている．

イオン導電を示す物質の構造にはいくつかの特徴が見られ，これが材料設計指針となっている．非晶質のイオン導電体では構造を乱れさせることでイオン導電性を向上させるが，結晶性のイオン導電体でも構造の乱れがイオン導電性の向上につながる．α-AgI に見るように，取り得るサイトが多く，可動イオンの数が多いことが重要な設計指針となっている．さらに，可動イオンが動くためには拡散経路が必要であり，また，イオンが本来存在する位置と拡散経路上の空孔位置のポテンシャルエネルギーの差が小さいことも必要だと容易に想像できる．

一方，γ-AgI は室温では超イオン導電体ではない．そこで室温で α-AgI のような超イオン導電を示す物質が探索された結果，1960 年代末，Ag の一部を Rb に置換した $RbAg_4I_5$ が超イオン導電特性を示した（図 5.1）．$RbAg_4I_5$ は，α-AgI 構造を低温において安定化させるために Ag の一部を Rb に置換したのだが，実際はヨウ素イオン I^- が作る骨格構造は変化し，β-Mn 構造（$P4_132$, No. 213）が実現した．この構造では，ヨウ素イオン四面体が構成する，互いに交わらない一次元チャネルの中を Ag^+ が移動すると考えられる．一方，I の一部を置換した例 Ag_3SI でも，高温の α 相から急冷することで，室温で α 相（$Im\bar{3}m$, No. 229）が実現できている．このように，高温で安定な高イオン導電相を低温で実現する方法の 1 つは，陽イオン，陰イオンを部分置換することである．

ヨウ化銅は，室温で閃亜鉛鉱型構造（$F\text{-}43m$, No. 216）の γ-CuI であるが，362〜407 ℃でウルツ鉱型構造の β-CuI($P\bar{3}m1$, No. 164)，407 ℃以上で fcc 型構造の α-CuI($Fm\bar{3}m$, No. 225) に相転移する．これら 3 相のうち α-CuI

5.3 イオン導電体とは何か

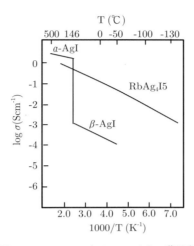

図 **5.1** $RbAg_4I_5$ と AgI のイオン導電率.

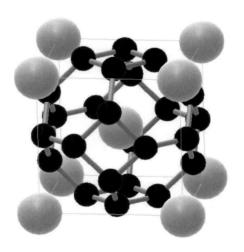

図 **5.2** α-AgI の結晶構造.

と β-CuI が超イオン導電相である.一方,陽イオン,陰イオンを部分置換した $Rb_4Cu_{16}I_7Cl_{13}$ ($P4_132$, No. 213) は,より低温においても α 相が安定化しており,低温から高いイオン導電性を示す.室温での導電率は 0.34 S/cm であり,現在,すべてのイオン導電体の中で最も高い導電率をもつ.

可動イオンには,銀イオン,銅イオンの他にも,カチオンでは,ナトリウムイオン,リチウムイオンや多価の陽イオン,アニオンでは酸化物イオン,フッ素イオンなどがある.次の節ではリチウムイオンの導電体について紹介する.

5.4 リチウムイオン導電体

ここでは,これまでに知られている結晶性リチウムイオン導電体を紹介する.代表的な例を表 5.1 に示し,各リチウムイオン導電体についてまとめてみよう.

5.4.1 ヨウ化リチウム,LiI

リチウムイオン導電体の研究は 1970 年代頃,LiX (X=F, Cl, Br, I) から始まる.このうち,LiI は,1972 年にペースメーカ用電池の電解質として実用化された.正極(ヨウ素錯体)と負極(金属リチウム)が接触する界面で,自然に

表 5.1 結晶性リチウムイオン導電体の導電率.

物質	室温での導電率 (σ/Scm^{-1})
LiI	5.5×10^{-7}
Li_3N	1.0×10^{-3}
Li-β-アルミナ	1.3×10^{-4}
Li_2CdCl_4	1.1×10^{-6}
$La_{0.5}Li_{0.5}TiO_3$	1.0×10^{-3}
LISICON $Li_{14}Zn(GeO_4)_4$	6.0×10^{-7}
$0.6Li_4GeO_4$-$0.4Li_3VO_4$	3.0×10^{-5}
$0.5Li_3PO_4$-$0.5Li_4SiO_4$	4.0×10^{-6}
$0.4Li_4SiO_4$-$0.6Li_3VO_4$	1.7×10^{-5}
Li_3PS_4	3.0×10^{-7}
Li_2SiS_3	2.0×10^{-6}
Li_4SiS_4	5.0×10^{-8}

固体電解質相が生成され，固体電池を形成する．内部短絡しにくく，固体電池として高い信頼性があったのである．LiI は NaCl 型構造 ($Fm\bar{3}m$, No. 225) であり，同じ構造をもつ他のハロゲン化リチウムと比べて，I^- イオンの分極が大きいため共有結合性を示し，導電率 10^{-7} S/cm が得られた．なお，後に Al_2O_3 の微粒子と混合し，導電率が 2 桁ほど向上させる発見があった．この手法は応用性が高く，イオン導電体に誘電体微粒子 Al_2O_3 を分散させるだけで，イオン導電率が向上することができるため，現在でも利用されている．

5.4.2 窒化リチウム，Li_3N

Li_3N 系は，Li_2N 層と Li 層が交互に積層する六方晶系層状構造をもつ（図 5.3(a)，$P6/mmm$, No. 191）．単結晶を用いた導電率測定を実施し，ab 平面の導電率 (1.2×10^{-3} S/cm) が c 軸方向 (10^{-5} S/cm) に比べ 2 桁高い．これは Li の導電に寄与しているのが，ab 平面の 2 次元拡散であることを示している[2]．0.45 V という低い分解電圧のため，実用化を目指して，様々な窒化物誘導体が合成され，分解電圧を上げる試みがなされた．その結果，Li_3N - LiI - LiOH の 3 成分系において 1.6〜1.8 V の分解電圧が見い出され，Li_3N に遷移金属の Co, Ni, Cu をドープすることで分解電圧が 1 V 以上が得られている．

5.4.3 Li-β-アルミナ

β-アルミナは Na を含んだ層状化合物 ($P6_3/mmc$, No. 194) で，Na が層間を 2 次元拡散する．Na/S 電池の Na イオンの固体電解質として実用化されている．β-アルミナからイオン交換により，Li-β-アルミナを得ることができる．Li-β-アルミナは，O^{2-} の立方最密配置による八面体と四面体の間隙に Al^{3+} が入るスピネルブロックと，Li イオンを含む導電レイヤーが交互に積層している（図 5.3(b)）．

5.4.4 A_2BX_4

A_2BX_4 で表現されるスピネル構造 ($Fd\bar{3}m$, No. 227) の単位胞は，32 個の

(a)

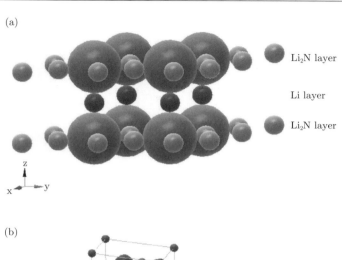

(b)

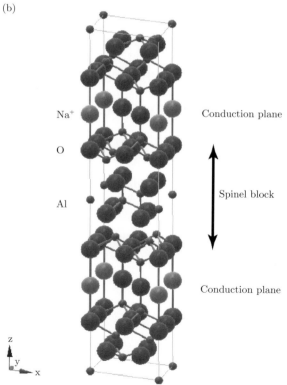

図 5.3 Li$_3$N(a) と Li-β-アルミナ (b) の結晶構造.

5.4 リチウムイオン導電体

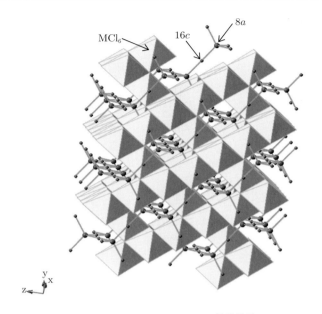

図 5.4 Li_2MCl_4 の結晶構造.

X イオンの立方最密充填構造 (fcc) をとり，16 個の A イオンと 8 個の B イオンが，32 個の四面体位置（$16c$ サイトと $16d$ サイト）と 64 個の八面体位置（$8a$ サイト，$8b$ サイト，$48f$ サイト）のうち，24 個の位置に分布しうる．正スピネル型では 16 個の A イオンが $16d$ サイトを占め，8 個の B イオンが $8a$ サイトを占める．一方，逆スピネル型では 8 個の A イオンが $8a$ サイトを占め，残りの 8 個の A イオンと 8 個の B イオンが $16d$ サイトを占める．正スピネル型でも逆スピネル型でも，理想的には，$16c$，$8b$，$48f$ サイトは空である．空のサイトが多く，Li イオンの導電が容易な構造と推測される．

ハロゲン化物 Li_2MCl_4 (M = Cd, Co, Cr, Fe, Mg, Mn, Ti, V, Zn) はイオン半径の小さな M = Zn 以外は逆スピネル型であり，比較的低温で高いリチウムイオン導電性を示すことが報告されている．中性子散乱や NMR などの結果から，Li の伝導経路は空のサイト $16c$ を経由して $8a \to 16c \to 8a \to$ であ

る，と推測されている（図 5.4）．

5.4.5　ABX$_3$

　ペロブスカイト型構造 ABX$_3$ は，頂点共有した BO$_6$ 八面体が骨格構造を形成し，8 つの BX$_6$ 八面体の中央に 12 配位の A サイトをもつ（図 5.5）．理想構造は立方晶（$Pm\bar{3}m$, No. 221）だが，A イオンが大きすぎても小さすぎても，12 配位の A サイトに納まりにくく，その結果，立方晶が歪んで対称性が低下する．それぞれのイオン半径を r_A, r_B, r_X で表すと，トレランス因子 $t = \frac{r_A + r_X}{\sqrt{2}(r_B + r_X)}$ が 0.9〜1.1 を外れると歪むことが経験的に知られている．歪みは，BX$_6$ 八面体の回転やイオンの変位により生じる．大多数のペロブスカイト型構造は歪んで GdFeO$_3$ 型（$Pnma$, No. 62），LaAlO$_3$ 型（$R\bar{3}c$, No. 167），BaTiO$_3$ 型（$P4mm$, No. 99）等になることが多い．グレイザー（Glazer）は八面体の回転

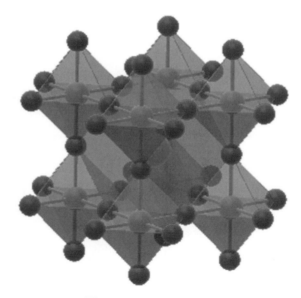

図 5.5　ABX$_3$ の結晶構造．

モードの違いで構造を分類している[2].

定比組成のペロブスカイト型構造では，カチオンのイオン伝導は期待できないが，Bイオンの酸化数を上げてAサイトに欠損を生じることができる．このようにしてできた$La_{2/3}TiO_3$, $La_{1/3}NbO_3$ などは高いイオン伝導性を示さないが，AサイトにLiを導入してイオン導電率を改善することが可能となる．$La_{2/3-x}Li_{3x}TiO_3$ は，室温でもっとも高いリチウムイオン導電率をもつ物質の1つ（$x = 0.12$ で 1.5×10^{-3} S/cm）である．高い導電率が何故実現しているか，その構造や導電経路に興味がもたれている．最近の研究によれば，この物質の単位胞はペロブスカイト型構造の $2 \times 2 \times 2$ 倍になり（$Cmmm$, No. 65），La, Li は秩序化していることが明らかになった[3].

5.4.6 LISICON

リチウムイオン導電体 LISICON (LIthium Super Ionic CONductor) は，Li_4GeO_4 を母構造とした材料に，Zn を固溶させることにより得られた

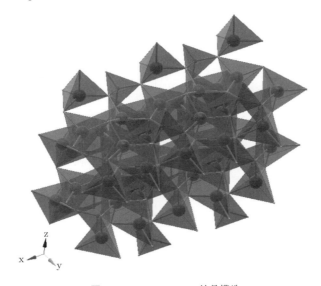

図 **5.6** γ–Li_3PO_4 の結晶構造.

$x\mathrm{Li_4GeO_4}-(1-x)\mathrm{Zn_2GeO_4}$ で表される酸化物物質群に付けられた名称であるが，今では，$\mathrm{LiO_4}$, $\mathrm{GeO_4}$, $\mathrm{SiO_4}$, $\mathrm{PO_4}$, $\mathrm{ZnO_4}$, $\mathrm{VO_4}$ 四面体と $\mathrm{LiO_6}$ 八面体により骨格構造が形成され，γ-$\mathrm{Li_3PO_4}$ 型の結晶構造（$Pnma$, No. 62, 図5.6）をもつ酸化物物質群 $\mathrm{Li}_xM_1-yM'_y\mathrm{O_4}$（$M$ = Si, Ge, M' = P, Al, Zn, V）の名称として使われている．

LISICON は広い固溶領域があり，異なる価数をもつイオンを置換することで，Li 欠損や過剰 Li の導入が容易であり，構造と組成を様々に変化させることができるのが特徴である．例えば，母構造 $\mathrm{Li_4GeO_4}$ の Li^+ を Al^{3+} を部分置換させて Li 欠損を導入した $\mathrm{Li_{4-3x}Al_xGeO_4}$ 固溶体を合成できる．あるいは，P^{5+} を Ge^{4+} と部分置換させて格子間 Li を導入した $\mathrm{Li_{3+x}P_{1-x}Ge_xO_4}$ 固溶体を合成できる．

5.4.7 Thio-LISICON

リチウムイオン導電体 Thio-LISICON は硫化物の物質群 $\mathrm{Li}_xM_{1-y}M'_y\mathrm{S4}$（$M$ = Si, Ge, M' = P, Al, Zn, Ga, Sb, V）であり，酸化物の LISICON と同じ γ-$\mathrm{Li_3PO_4}$ 型の結晶構造をもつ．しかし，酸素より分極率の高い硫黄が酸素に置き換わることで，高いイオン導電率が実現している．室温での導電率は $10^{-7} \sim 10^{-3}$ S/cm で，$\mathrm{Li_{4-x}Ge_{1-x}P_xS_4}$ の固溶体 $x = 0.75$ では最高 2.2×10^{-3} S/cm という大きな導電率を示す[4]．

5.4.8 LGPS 系

Thio-LISICON 系の固溶体の中で，$\mathrm{Li_{4-x}Ge_{1-x}P_xS_4}$（$0.5 < x < 0.67$）は Thio-LISICON と異なる結晶構造をもち，最高で 1.2×10^{-2} S/cm というこれまでにない高い導電率を示す，新規の高リチウムイオン導電体であり，LGPS 系と呼ばれる[5]．骨格構造は，$(\mathrm{Ge_{0.5}P_{0.5}})\mathrm{S_4}$ 四面体と $\mathrm{LiS_6}$ 八面体が稜を共有して形成された 1 次元鎖が，$\mathrm{PS_4}$ 四面体によって連結された構造となっている（図5.7）．$\mathrm{LiS_4}$ 四面体を形成するリチウムイオンの原子変位パラメータが大きく c 軸方向に広がっており，c 軸方向のリチウムイオンが拡散していると推察される．

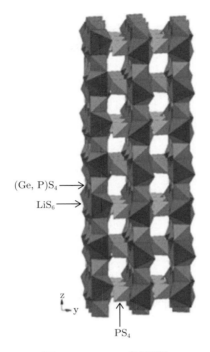

図 5.7 LGPS の骨格構造.

5.5 エネルギー変換材料

　私たちの社会は，化石燃料や自然エネルギーをはじめとした様々なエネルギーに支えられている．エネルギーは，力学的エネルギー，化学エネルギー，熱エネルギー，電気エネルギーなどの形態に分けられるが，これらのエネルギーは相互に変換することができる．例えば，水力発電では力学的エネルギーを電気エネルギーに変換しているが，火力発電では石油や石炭などの化石燃料を燃やして化学エネルギーから熱エネルギーに変換し，さらに運動エネルギーを経て電気エネルギーに変換する．エネルギー変換効率は一般には100%ではなく，特に熱エネルギーから運動エネルギーへの変換効率が熱力学的に低いことはよく

知られている．一方，燃料電池や蓄電池のエネルギー変換効率は高い．燃料電池では，化学エネルギーから直接電気エネルギーに変換し，蓄電池では，充電時には電気エネルギーを化学エネルギーの形で蓄え，放電時には化学エネルギーを電気エネルギーに変換する．

　エネルギー変換に関係する機器や材料の開発は大変重要である．太陽電池は，光エネルギーを電気エネルギーに変換する．単位面積あたりの発電量を増やすため変換効率を上げる技術革新が続けられており，当初数%だった変換効率が現在では多くの製品が15～20%の変換効率を有するほどになっている．熱電変換材料は，熱エネルギーと電気エネルギーの間の変換が可能である．熱電変換では，2種類の異なる金属または半導体を接合して，両端に温度差を生じさせると起電力が生じるゼーベック効果を利用している．熱電変換材料の性能評価方法として，性能指数 Z や無次元性能指数 ZT が用いられる．$ZT=\sigma^2\rho T/\kappa$ (σ ゼーベック係数，ρ 導電率，κ 熱伝導度，T 温度) で定義され，多くの材料で 1 程度であるが，ZT の大きな物質を開発することができれば大きなブレークスルーになる．

　エネルギーを効率的に利用する機器という点で自動車の例をあげよう．ガソリン車では，エンジンにより化学エネルギーの形でガソリンに蓄えられたエネルギーを熱エネルギーに変換し，運動エネルギーに変換する．上述のように熱機関であるためエネルギー変換効率に限界があるものの，長い技術的蓄積により現時点では総合的性能に優れている．一方，電気自動車では電気エネルギーを化学エネルギーとして蓄電池に蓄え，電気エネルギーを取り出してモータにより運動エネルギーへ変換する．電気自動車の性能をアップさせ，ガソリン車に置き換える鍵は蓄電池とモータであり，特に蓄電池のイノベーションが大いに求められている．次節で蓄電池について述べる．

5.6　Liイオン電池

5.6.1　蓄電池

蓄えられた化学エネルギーを電気エネルギーとして一度だけ取り出すこと

が可能な電池を一次電池という．それに対し，充電により電気エネルギーを化学エネルギーとして蓄積が可能な電池が二次電池である．二次電池は蓄電池 (rechargeable battery) と呼ばれることが多い．

　電気を必要とする機器をワイヤレスで動作させるには電池が必要である．十数年前まで，持ち歩く機器は懐中電灯やラジオなどの小電力な機器が主だったので，携帯機器用の電池性能に対する要求はそれほど強くなかった．内燃機関を有する自動車に搭載されているバッテリーは動力用ではなく，始動時などに用いる一時的なエネルギー源であるため容量が小さくても安価で使用実績の長い鉛蓄電池が用いられてきた．ところが，現代は高度な電子機器を当たり前のように身につけて持ち歩く時代であるため，電池の容量や寿命に対する要求は右肩上がりである．この傾向は今後ますます強くなるだろう．自動車でも，動力源が内燃機関からモータへと変革の時代を迎えつつあり，エネルギー源は化石燃料から電気へと変わりつつある．そのため，必然的に蓄電池の技術革新が求められてくる．

　電気自動車の歴史は古く，20世紀に入る直前，ガソリンエンジン車やディーゼルエンジン車と同じ頃に登場した．電気自動車は構造が単純で，製造も運転もメンテナンスも容易だったので，最初は一挙に普及した．1900年のパリ万博に出品されたのは有名な話である．また，ポルシェはハイブリッド車を開発したりしていた．一方，ガソリンエンジン車は，エンジンの構造が複雑であるため，技術的課題の克服に長い時間がかかった．スターターモータがなかったため，スタート時には，ユーザが人力でクランクを回して始動していた．結果として，100年前にはガソリン自動車よりも電気自動車の方が普及していたのである．

　ところが，南北戦争を終えたアメリカは，急速に発展を遂げつつあり，その広大な国土における移動手段として自動車が必要とされたが，電気自動車では航続距離の悪さが問題となっていた．発明王のエジソンがバッテリーの開発に取り組んでいたという話があるが，当時の技術では，容量が大きくコンパクトで軽いバッテリーがなく，そのような高性能なバッテリーを作ることもできなかった．それに対して，ガソリン車は，20世紀に入りエンジンの技術が進歩し，フォードが1908年に有名な「T型フォード」を発売した結果，爆発的に

ヒットすることとなった．そのため，いつのまにか，電気自動車は忘れ去られてしまった．

　しかし，1990年代に入って，状況は少しずつ変化していった．背景には地球温暖化問題の深刻化があるが，ニッケル水素電池やリチウムイオン電池の登場が大きい．これらの電池は，まずモバイル機器への利用で急速に普及するとともに，高性能化が進んだ．ニッカド電池が急速にこれらの電池に置き換わっていった．

　21世紀に入り環境意識のさらなる高まりが見られ，ハイブリッド自動車やCO_2排出量のより少ない電気自動車に関心が集まっている．リチウムイオン電池はニッケル水素電池よりも，さらにエネルギー密度が高く，普及に拍車がかかった．そして，安全面など，大型化に向けた課題を克服し，ついにリチウムイオン電池をバッテリーとして搭載した電気自動車が開発・販売されるようになった．それが，2009年発売の三菱自動車「i-MiEV」であり，2010年発売の日産自動車「リーフ」である．「i-MiEV」は，電池総電力量16 kWhで，航続距離120 km，「リーフ」は，同じく24 kWh，228 kmであった．これらの自動車の技術革新もあり，売れ行きは好調である．最近，手に届く価格で燃料電池車が市販され，技術進歩の早さに驚かされるとともに一般の人たちの関心を集めている．電気自動車の開発研究は，ガソリン車並みの航続距離を実現することを目標として現在も精力的に行われているが，そのためには航続距離をガソリン車並みにあと3倍延ばす必要がある．電気自動車では，蓄電池の性能がクルマの性能を左右するため，産学あげて国際的な蓄電池開発競争に突入しているといっても過言ではない．

　電気自動車用蓄電池への要求性能は，高エネルギー密度化（単位体積・重量あたりの蓄積エネルギーの大きさ），長寿命化，高パワー密度化（1秒間に放出できる電力），高温特性（暑い地域での性能），低温特性（寒冷地での性能），そして安全性向上である．電気自動車の性能（航続距離100〜200 km，寿命は数年レベル）を抜本的に改善するには，革新的な蓄電池（ポストリチウムイオン電池）の開発が必要である．そのためには，まず，リチウムイオン電池内部における電気化学反応を正しく理解したうえで，その知見に基づく設計・開発を行うことが必要である．ところが蓄電池は液漏れや水分との反応を避けるため

に密封されており，内部の可視化が難しい．電池が作動している状態で，充電時・放電時の本質的な挙動を捉えることが必要である．しかし，それができないために電池を解体して分析や解析が行われてきた．そのため，蓄電池内部で起きている現象の本質はまだまだ未解明である．現象理解に基づく改善を志向するには，作動条件下での電池反応を理解する必要があり，そのために充放電過程中の電池の電極挙動を測定する（その場測定をする）必要がある．その方法の 1 つが後述する中性子を用いるものである．

5.6.2 電池の中で何が起きているか？

図 5.8a はリチウムイオン電池の充電の原理を示し，図 5.8b は放電の原理を示している．充電時には電池を外部電源に接続し，正極にプラス電圧をかけて定電流を流すと，リチウムイオンは正極物質（例えば，コバルト酸リチウム $LiCoO_2$）から電解液中に抜け出し，電解液を通って，負極（例えば炭素 C）に挿入される．これをインターカレーション反応と呼ぶ．このとき，電子は正極から外部の回路を通って負極に移動する．一方，放電時には，図 5.8b に示すように充電時とは逆向きに，イオンや電子が自発的に動く．リチウムイオンは負極から出て，電解液を通って，正極に流れ込む．同時に電子は，負極から正極に向かって外部回路を流れる（電流は正極から負極に向かって流れる）ため，外部回路の途中にある負荷（電球やモータなど）に仕事をさせることができる．

電池の反応を式で表すとわかりやすい．正極にコバルト酸リチウム，負極に炭素を用いる場合の電池の反応を式で示す．

充電

正極	$LiCoO_2 \rightarrow Li_{1-x}CoO_2 + xLi^+ + xe^-$	(5.1)
負極	$xLi^+ + 6C + xe^- \rightarrow Li_xC_6$	(5.2)
全体	$LiCoO_2 + 6C \rightarrow Li_{1-x}CoO_2 + Li_xC_6$	(5.3)

放電

正極	$Li_{1-x}CoO_2 + xLi^+ + xe^- \rightarrow LiCoO_2$	(5.4)
負極	$Li_xC_6 \rightarrow xLi^+ + 6C + xe^-$	(5.5)

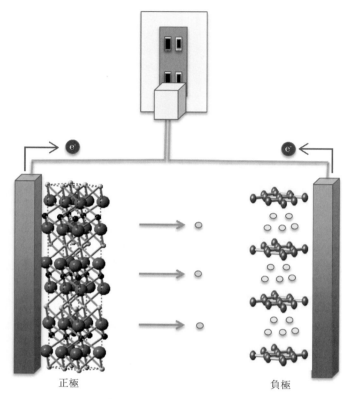

図 5.8a リチウムイオン電池の充電反応．外部電源に接続し，正極に高いプラスの電圧をかけることで，リチウムイオンは正極から抜け出して負極へ挿入され，エネルギーが蓄えられる．この反応をインターカレーション反応という．

$$\text{全体} \quad \text{Li}_{1-x}\text{CoO}_2 + \text{Li}_x\text{C}_6 \rightarrow \text{LiCoO}_2 + 6\text{C} \qquad (5.6)$$

充電では，電圧をかけることで正極物質を酸化（$\text{Co}^{3+} \rightarrow \text{Co}^{4+}$，コバルト原子の酸化数が増大）し，エネルギーが蓄積される．放電では，還元（$\text{Co}^{4+} \rightarrow \text{Co}^{3+}$，コバルト原子の酸化数は減少）し，蓄積されていたエネルギーが放出される．このように，電池は酸化還元反応を利用して電気エネルギーを化学エネルギー

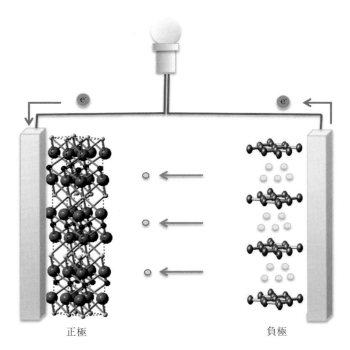

図 5.8b　リチウムイオン電池の放電反応.
　　　　充電とは逆向きのインターカレーション反応が自発的に起こり，リチウムイオンは負極から抜け出して正極へ挿入される．このとき，電流が外部回路を正極から負極に向かって流れるので，途中にある負荷（図では電球）に仕事をさせることができる．

として蓄積すること，および，蓄積した化学エネルギーを電気エネルギーとして取り出すことができる機器である．

　リチウムイオン電池の充放電では，負極・正極の間を Li^+ が行き来する間に負極・正極は変化するが電解液は変化しない．つまり，電解液はリチウムイオンの輸送に関与するだけで電極反応に直接は関与しない．このような Li^+ が行き来する動きがロッキングチェアの動きに似ていることから，ロッキングチェア型とも呼ばれることもある．

5.6.3 リチウムイオン電池の課題

リチウムイオン電池は，正極，電解液，セパレータ，負極から構成されている．正極と負極は遷移金属酸化物や炭素などの粉末であるが，これをシート状にしてアルミ箔や銅箔でできた集電体に固定するために，高分子でできたバインダーが用いられる．また，電極材料には電子伝導性，イオン導電性が十分に高いことが要求されるが，電子伝導性を改善するために導電材が加えられる．したがって，電極は活物質（電極物質），バインダー，導電材からなる合材である．

充電・放電反応の進行に伴い，リチウムイオンは活物質内を電極の厚さ（数十 μm スケール）にわたって拡散し（nm スケール），活物質相と電解質相と間でリチウムイオンが移動（nm スケール）する．活物質内をリチウムイオンが動き酸化・還元するので，原子配置（結晶構造，局所構造）が刻々と変化する（nm スケール）．活物質と導電剤のコンタクトが失われると（μm スケール）電極の電子伝導性が低下する．一方，電極の厚みが数十 μm であるため，エネルギー密度を稼ぐには電極を大面積化する（十数 cm スケール）必要がある．すると，電流密度分布が不均一になりやすく，その場合，局所的に過充電，過放電状態になり，安全性が低減する．したがって，リチウムイオン電池を理解するためには，nm から cm という広いスケールで充放電反応を捉える必要がある．

また，電気自動車用リチウムイオン電池では大電流を流すため，合剤電極，セパレータ中でリチウムイオンの高速な移動が求められる．急速充電と緩やかな充電で反応の仕方や原子配置が違うだろうし，充電と放電ではそもそも原子配列の仕方が違うかもしない．しかし，電池の中で起こっている変化を誰も見たことがない．バッテリーは密封されているからである．従来技術ではなく，新しい解析技術の構築が必要不可欠である．

5.7　材料の構造解析

5.7.1　中性子で何がわかるか

中性子には様々な利用法がある．構造解析に関わる利用について解説する前に，中性子の利用の全体像について簡単に紹介する．

中性子の利用は，その目的により大きく2つに分けられる．第一は，中性子照射により材料の性質を変える目的で行われる利用である．例えば中性子をシリコンに照射すると，シリコン中に均一に存在する^{30}Si は中性子を捕獲し^{31}Si となるが，^{31}Si（半減期 2.6 時間）は β 崩壊によって安定核種^{31}P となる．これにより^{31}P がシリコン中に均一にドーピングされ，抵抗率の均一な n 型の半導体となる．シリコンへのリンのドーピングは NTD（Neutron Transmutation Doping）と呼ばれ，大電力用素子として幅広く用いられている．第二の利用は，対象となる材料を中性子で調べることを目的とした利用で，3つの利用，すなわち，元素分析，ラジオグラフィー，散乱がある．

元素分析では即発ガンマ線分析や中性子放射化分析を用いることにより数重量%から ppb に至る分析を非破壊で行うことができる．即発ガンマ線分析は，中性子を試料に照射しながら放出されるガンマ線を分析する方法である．一方，中性子を照射した結果生成される放射性核種から，放出される壊変ガンマ線を分析するのが中性子放射化分析である．この場合照射試料を取り出し，放射線計測機器で放射線分析を行う．どちらも試料に対して特別な処理をすることなく簡便に分析できるうえ，多元素を同時に分析できるという特徴がある．

機器のレントゲンと言えるのが中性子ラジオグラフィであり，中性子の大きな透過能を利用して材料を透過した中性子を計測する．材料中の中性子の吸収に分布があると透過画像に分布が生じ，"機器のレントゲン写真"を得ることができる．数センチから 100 ミクロン，さらには数十ミクロンの大きさの構造の空間分布を評価できる手段である．機械などの構造物の後ろにカメラを置くことで，構造物中の欠陥が有無や構造体の動作不良などが直接観測できる．いろいろな方向から得られた透過像から3次元のトモグラフィ像を合成することも行われている．中性子の吸収は X 線の吸収と異なり，水素などによる吸収が通常の金属による吸収よりも大きい．そのため，中性子ラジオグラフィでは水を見やすく，植物の根の発達の観察や燃料電池中の水の動きを見ることにも用いられている．

一方，散乱された中性子が原子の配列や運動を反映して干渉しあうことを利用するのが中性子散乱である．結晶のように規則的に原子が配列している場合は強い干渉縞があり，特に回折（ブラッグ散乱）と呼ぶ．この散乱された中性

子を丁寧に解析することで原子の配列やナノ構造，それらの動的な運動を調べることができる．これが弾性散乱，非弾性散乱と呼ばれる方法である．

5.7.2 中性子散乱の特徴

X線は電子によって散乱されるが，中性子は原子核によって散乱される．その違いは，散乱のコントラストの違いとなって現れる．X線では重元素からの散乱が強くなり，一方，中性子では軽元素でも重元素と同程度の散乱能が得られる．中性子では，

1) 散乱の強さがX線のように原子番号に依存しないので，重元素も軽元素も観察が容易であり，原子番号が隣接する元素同士でも識別可能である．このため，リチウムイオン導電体，リチウムイオン電池材料，燃料電池材料，セラミックス機能材料など，軽元素をもつ様々な物質の構造解析や複数の遷移金属を混ぜ合わせた材料研究などに幅広く利用されてきた．
2) 同位体間でも散乱の大きさが異なり，特定元素のラベリングが可能である．
3) 中性子の波長に比べて無視できる大きさの原子核によって散乱されることから，原子1個からの散乱強度は散乱ベクトルにほとんど依存しない，一方，X線の場合は，散乱体の電子が広がって存在するため，散乱ベクトルが大きくなるほど散乱強度は小さくなる．
4) 中性子と電子のもつスピンとの相互作用から磁気構造を調べることができる．
5) 電荷をもたず中性である中性子は高い透過性をもつため，材料内部から情報を得やすい．
6) 特に粉末試料では選択配向の影響を受けにくい．
7) 散乱に寄与する粒子の数がX線よりはるかに多い（粒子統計が大変良い），などの特徴をもつ．

蓄電池研究では特に1），2），5）の特徴が重要である．その結果，中性子散乱は，リチウムなどの軽元素を含む電極材料に対して，特にリチウムなどの軽元素の位置や占有率に関する信頼性の高い情報を与えうる．散乱能の異なる同位体の利用が可能なことから，あとで一例を示すように，様々な工夫によりX線では得られない構造情報を得ることも可能である．

これらのことから，新しい解析技術として中性子散乱が期待されている最も重要な役割は以下のようにまとめられる．「リチウムは電子が少なく，他の原子に比べてX線を散乱する力が小さいが，中性子を散乱する力では他の原子に比べて弱くない．さらに，中性子は透過能が高く，蓄電池の容器の中の化学反応を原子レベルで見ることができる．」つまり，充電中や放電中に，電流が流れ数％のリチウムの出入りがあるときに，結晶の原子配置のどこに何個のリチウムが出入りしたか，その場で定量的に観測できる点が大きな特徴である．今後，中性子散乱により電池材料開発に向けた物質設計の指針が得られることが期待される．これまでに，電極の結晶構造，不均質構造，局所構造，およびナノ構造の幅広い構造情報（マルチスケール構造情報）を抽出することが可能であることがわかっている．

5.7.3 中性子回折法

互いの位置ベクトルが r_i である2つの原子に中性子（波数 k_1）が入射し，散乱される（波数 k_2）ことを考える（散乱ベクトル $Q = k_2 - k_1$）．2つの原子からの散乱波の位相が揃うときに波は強め合う．すなわち，位相差 $Q \cdot r_i$ が0のとき干渉する．結晶のように，原子が規則正しく配列していると多数の原子が互いに同じ距離にあるため，散乱ベクトルに応じて散乱波が強め合って干渉する．これがブラッグ反射である．結晶でなくても，液体やアモルファスでは，ほぼ等しい距離をもつ多数の原子が存在するため，やはり散乱波が干渉する．干渉パターン，すなわち，ピーク位置や強度，形を解析することで，原子がどのように配列しているか，という情報を知ることができる．結晶の場合について考えてみる．

結晶固体では，個々の原子は平均位置の周辺を熱振動している．時間的・空間的に平均した原子配列は規則的であり，並進対称性，回転対称性をもつ．対称性の基本単位を単位胞と呼び，この繰り返しが結晶全体に及ぶ．対称性で結晶構造を分類するため，まず，結晶構造を結晶格子と基本構造（basis）から構成されると考えると，結晶格子の対称性は7晶系，14ブラベー格子に分類できる．さらに，基本構造を考慮に入れて結晶構造を対称性で分類すると32の点

群，230の空間群に分類できる．なお，並進対称性の基本単位は単位胞であるが，単位胞内のすべての原子が独立なのではなく，多くは空間群に対応した対称操作により結びつけられているため，多くの等価なサイトが存在する．

結晶からの散乱はブラッグ反射と呼ばれる強い干渉ピークを作り，これを解析（結晶構造解析）することにより，結晶構造の平均的な描像が得られる．平均構造からのずれが顕著な場合には，弱いブロードな散乱（散漫散乱）が得られる．ブラッグ散乱と散漫散乱を解析して結晶の配列の全体像を明らかにできるが，これが広い意味での結晶構造解析である．最近はブラッグ散乱と散漫散乱を分離せずにフーリエ変換を行う PDF（Pair Distribution Function）解析が注目されている．

中性子散乱強度 $I(Q)$ は2つの関数，単位胞の結晶構造因子 $F(Q)$ と干渉関数 $G(Q)$ との積で表すことができる．

$$I(Q) = |F(Q)G(Q)|^2. \tag{5.7}$$

単位胞結晶構造因子 $F(Q)$ はブラッグ反射の強度に対応する．ブラッグ反射強度は単位胞内の原子配列から計算できる．一方，干渉関数 $G(Q)$ はブラッグ反射の位置や形（プロファイル）に対応する．ブラッグ反射の位置から3次元の格子や格子定数（および空間群）が計算でき，プロファイルからは結晶の不完全性情報（有効歪みや有効結晶子サイズ，積層欠陥密度，転位密度，逆位相境界密度，モザイシティなど）を得ることができる．

単結晶が得られない場合，粉末の結晶試料を用いて結晶構造解析を行う必要がある．粉末の結晶試料を用いた回折（粉末回折）では得られる回折データが1次元であり，1次元回折データから3次元の結晶構造を解く必要がある．第1ステップは，1次元に投影されたブラッグ反射位置の規則性と消滅則を使って3次元の格子を探索し晶系（および空間群）を決める（個々のブラッグ反射にh, k, l を割り当てるので'指数付け（indexing）'という）．指数付けを行う方法として，試行錯誤法や伊藤の方法などの方法が提案され，対応するソフトウェアが開発されている．

伊藤の方法では，ブラッグ反射の位置（面間隔 d）から計算された $Q_d(=1/d^2)$ のリストの中から，伊藤の式 $2\{Q_d(\boldsymbol{K}_1) + Q_d(\boldsymbol{K}_2)\} = Q_d(\boldsymbol{K}_1 + \boldsymbol{K}_2) +$

$Q_d(\boldsymbol{K}_1 - \boldsymbol{K}_2)$ を満たす逆格子ベクトル $\boldsymbol{K}_1$ と $\boldsymbol{K}_2$ を見つけると，$\boldsymbol{K}_1$ と $\boldsymbol{K}_2$ から平面格子が作られることを利用する．3次元の格子は複数の平面格子から構成することができる．伊藤の方法を用いたソフトウェア 'Ito' は現在でも幅広く利用されている．この方法を数学的に発展させ，ソフトウェアに結実させたのが大強度陽子加速器施設 J-PARC における粉末回折データ解析環境 Z-Code の整備の一貫として開発されたソフトウェア 'Conograph' であり，Conway のトポグラフと呼ばれるグラフを用いて 3 次元の格子を作る．ピークサーチの誤差が多少あっても確実な結果が得られる最新の指数付けソフトウェアである[6]．

指数付けが終了すると，次に式 (5.7) の $|F(Q)|^2$ あるいはブラッグ反射の強度を解析して単位胞内の原子配列を求める（未知構造解析）．3次元の原子配列の情報を 1 次元の粉末回折パターンから得るのは容易ではないが，近年様々な方法が提案され有効性が示されたことで，利用者が増大している．未知構造解析の第一の方法は，各反射とそれぞれの積分強度のリストから構造を求めていくもので，代表的な方法に直接法やパターソン法などがある[7]．第二の方法は，実空間における初期構造モデルから，モンテカルロ法や遺伝的アルゴリズムなどのグローバル最適化法を用いて構造モデルを修正していくもので，実空間法と呼ばれる[7]．

構造が全く未知の場合は上記の方法で構造解析していくしかないが，実測された粉末回折パターンは，データベースとして登録されている既知物質の回折パターンで説明できるかも知れない．X線回折パターンをデータベースと照合することで物質同定を行うハナワルト法は，1936 年に Hanawalt らによって提案されたが，現在に至るまで広く用いられ，データベースは ASTM カード，さらに JCPDS カードに引き継がれてきた．現在では，20 万件を超える登録データをもつ電子ファイル PDF（Powder Diffraction File）と検索システムが ICDD（International Centre for Diffraction Data）により提供されている．粉末X線回折装置（XRD）と同時に導入すれば，XRD が強力な分析機器となる．ハナワルト法では，実測された回折パターンから強度の強い順に 3 本を選び（3強線），強度比と面間隔（d）を，データベースに記録された既知物質のそれと比較することで物質同定を行う．実測データをデータベースと比較

する順検索とデータベースを実測データと比較する逆検索があるが，実測データに不純物ピークがある場合には逆検索がよい．なお，中性子でも，パルス中性子回折データに対して同様な方法が開発されている．

　構造が既知の場合，次のステップは既知の構造パラメータを初期値として，最小2乗法などを用いて正確な構造パラメータを得る必要がある（構造精密化）．粉末回折データに対してもっぱら使われる手法が1966年にH. M. Rietveldにより提案されたリートベルト法である[8]．リートベルト法とは，結晶構造モデルに基づいた計算パターン $f_i(X)$ が，実測パターン y_i をできるだけ再現するように，格子定数，プロファイル関数のパラメータ，原子座標，原子変位パラメータなどを最適化する方法であり，

$$S(x) = \sum_i w_i [y_i - f_i(x)]^2 \tag{5.8}$$

を最小にするパラメータの組合せを非線形最小2乗法により求める．リートベルト解析は，ブラッグ反射の重なり合った回折パターンから構造パラメータを抽出することを可能にした．多くのソフトウェアが知られGSAS，FullProf，TOPAS，RIETAN，MAUD，LHPM，Rieticaなど一長一短がありつつも，それぞれ多数の利用者を抱えている．リートベルト解析はいずれのソフトウェアを用いても，利用者の解析技術の程度により結果が異なることがあるが，本来は，再現性の観点から，誰が解析しても同じ結果になることが求められる．J-PARCにおける粉末回折データ解析環境Z-Code[6]の1つとして，ソフトウェアZ-Rietveldが全くゼロから開発されつつあるが，リートベルト解析に留まらず，新しい測定手法にも対応するなど，様々な新しい特徴を備えている．

　リートベルト解析の結果からは，結晶学的情報として格子定数，原子座標，原子変位パラメータなどの構造パラメータと標準偏差が得られ，これらから原子間距離や角度と標準偏差が計算できる．得られた構造パラメータを解釈することが重要である．外部環境（温度，圧力，磁場など）や組成を変化させた測定データがあれば，リートベルト解析から様々な物理量を求めることも可能となる（パラメトリックスタディ）．目的に応じてバンド計算に進んだり，マキシマム・エントロピー法を適用して原子核密度分布（正確には散乱長密度分布）を

得ることも行われている．一方，後述するように，プロファイルの情報から有効結晶子サイズや有効歪み，これらの異方性などの情報が得られる．

未知構造の解析を行うためには，結晶学的に独立な原子数の 10 倍以上の分離した反射が必要とされている[9]．一方，リートベルト解析では最低 5 倍の分離した反射が必要という主張[9]があるが，その数は格子定数間の差や構造パラメータの数，プロファイルの一致度にも依存し，さらに得られた結果の信頼性にも影響を与える．

以上，中性子回折データの解析の流れを概観したが，解析の流れは X 線回折データを用いる場合と変わらず，したがって，利用者は X 線（電子を見る）と中性子（原子核を見る）の違いを考えながら，2 つの方法を使い分けたり相補的に使えばよい．例えば，放射光と J-PARC のデータを同時に解析して，軽元素であるリチウムや水素の数（一般的には中性子データの質が高い），共有結合の有無（X 線でないと得られない），電子とイオンの分布（両者を組み合わせることで新たな情報が得られる），骨格構造とその変化（構成元素により中性子や X 線を使い分けるとよい），などを研究することができる．

5.7.4 飛行時間型中性子回折法

飛行時間型中性子回折法（time-of-flight neutron diffraction method：TOF 法）はエネルギー分散型回折法の一種であり，中性子が一定距離を飛行するのに必要な時間を計測し中性子の速度，エネルギー（および波長）を解析する方法である．中性子の速度が計測しやすい程度に遅いため，古くから行われている．KEK でかつて運用されていた世界最初のパルス中性子利用施設 KENS，大強度陽子加速器施設 J-PARC の物質・生命科学実験施設 MLF，ラザフォード・アップルトン研究所の中性子散乱実験施設 ISIS，オークリッジ国立研究所のスポレーション中性子施設 SNS，ロスアラモス国立研究所の中性子散乱実験施設 LANSCE では，それぞれ 20 Hz（KENS），25 Hz（MLF），50 Hz（ISIS），60 Hz（SNS），30 Hz（LANSCE）の周波数で陽子をターゲットに衝突させ中性子を発生させるが，中性子が発生した時点を時間の原点として，そこからの経過時間を計測する．様々なエネルギー（波長）をもった中性子が同一時刻に

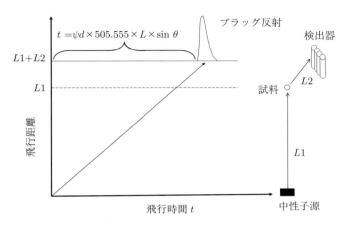

図 5.9 TOF 法を用いた回折実験の概念図.ブラッグ反射位置 (t) は面間隔 (d),飛行長 (L) と散乱角 (2θ) の関数である.

発生するが,中性子の速度の違いを反映して,発生後試料を経て最終的に検出器に到達するまでの時間 t が異なる.中性子の速度を v,モデレータから試料を経て検出器に至る距離を L とすると,中性子の速度は $v = L/t$ により決定できる.この式をド・ブロイの関係 $\lambda = h/mv$(λ:中性子の波長,h:プランクの定数,m:中性子の質量)に代入すると $\lambda = ht/mL$ となり,時間 t から波長 λ が求まる.ブラッグ反射を生じる場合,ブラッグの条件 $\lambda = 2d\sin\theta$ と $\lambda = ht/mL$ からブラッグ反射を生じる格子面間隔 d が計算できる.

$$d[\text{Å}] = \frac{t[\mu\sec]}{505.555[\mu\sec/\text{Å}\,m]L[m]\sin\theta}. \tag{5.9}$$

図 5.9 は式 (5.9) の関係を図示したものである.中性子は時刻 0,距離 0 の原点(グラフの左下)で発生し,その波長やエネルギーに応じて一定の速度(図では傾きが一定な直線)で進む.この中性子が試料(位置 $L1$)により弾性散乱する回折では,速度は散乱後も維持されるので傾きは一定である.検出器位置 ($L1 + L2$) でブラッグ反射が観測される時刻 t が式 (5.9) である.

5.7 材料の構造解析

　このことを MLF の場合に即して具体的に考えてみると以下のようになる．陽子加速器は 25 Hz で運転されているので 40 ミリ秒ごとにパルス中性子が生じる．発生するパルス中性子は白色であり，波長分布をもっているが，波長によって中性子のスピードが異なることから，発生時刻を原点として，検出器に中性子が到着する時刻を調べることにより，波長を知ることができる．通常の実験では波長 0.1～10 Å 程度までが利用され，その中性子速度が数 km/sec 程度と遅いため，波長は大変精度良く求めることができる．時刻を調べるために，発生時刻を示すキッカーパルスとキッカーパルスを起点に時間を計測する時間分析器（time analyser）を用いる．これまでの多くの装置では，数 μ 秒ごとの時間チャンネルの間に到着した中性子の数をヒストグラムとして蓄えていたが，J-PARC では，中性子が検出器に到着する度にその時刻と位置（イベント情報）を蓄えるイベント方式を採用している．すべてのイベント情報が蓄積されていれば，あとでカウントをヒストグラムに割り振ることは可能だからである．

　式 (5.9) および図 5.9 によると，減速材から 26.5 m の位置に試料 ($L1 = 26.5$ m) がある材料構造解析装置 iMATERIA[10] では，試料から 2 m の背面位置 ($\sin\theta = 1$, $L = 28.5$ m) で測定される面間隔 $d = 1, 2, 4$ [Å] のブラッグ反射は，それぞれ時刻 $t = 14408, 28817, 57633$ [μsec] に観測される．ただし，40 ミリ秒ごとに新たにパルス中性子が発生し，短波長の中性子は速度が速いことから，57633 [μsec] の中性子は，新しく発生した中性子に追い抜かれてしまい，分離して観測することができない．これをフレームオーバーラップという．では，背面 ($\sin\theta = 1$) で 40 ミリ秒を越える時刻に到着する $d > 2.776$ [Å] のブラッグ反射を観測するにはどうしたらいいか．

　面間隔 d の大きなブラッグ反射を観測するには式 (5.9) からわかるように，飛行距離の短い装置を用いるか（L を短くする），低角の検出器を用いることがよく行われる（$\sin\theta$ を小さくする）．例えば，iMATERIA[10] の低角バンクでは $d = 20$ Å を越えるブラッグ反射を容易に，かつ，高い分解能で測定することが可能である．また，詳しく触れないが，ディスクチョッパーを使うことで位相をずらし，d の大きなブラッグ反射を観測したり，複数のディスクチョッパーや T0 チョッパーを用いて中性子を間引いて，例えば 12.5 Hz（25Hz の 1/2，iMATERIA のダブルフレームモード）や 5Hz（SuperHRPD[10] の標準モード）

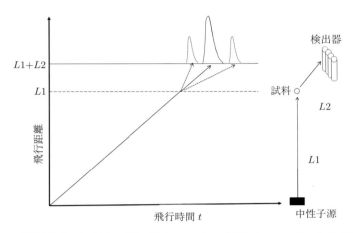

図 5.10 非弾性散乱の概念図．試料で散乱される際に中性子がエネルギーを受け取ると検出器に早く到着し，エネルギーを失うと遅く到着する．

とし，パルス中性子の計測を 80 ミリ秒ごとや 200 ミリ秒ごとにすることも行われる．この方法だと低角の検出器を用いたときに比べ分解能がずっと高いが，長波長を用いることになるので，例えば，上述の例で 12.5 Hz の iMATERIA のダブルフレームモードでは $d = 5$[Å] 程度，5 Hz の SuperHRPD の標準モードでは $d = 4$[Å] 程度が上限である．ところで，これまで，ブラッグ反射を生じる場合について議論してきたが，非弾性散乱すれば散乱後に速度が変化するため傾きが変化する．その様子を図 5.10 に示す．試料で散乱される際にエネルギーのやりとりがあると中性子の速度が変化し，線の傾きが変化する．

5.7.5 TOF 回折法の分解能

後述するように粉末回折装置の分解能は，ブラッグ反射の分離の程度の指標である．角度分散型粉末回折法では，散乱角 2θ で回折パターンを表示したときのブラッグ反射の半値全幅 $\Delta(2\theta)$ (単位は °) を用いることが多いが，TOF 粉末回折法では回折パターンを面間隔 d で表示したときのブラッグ反射の半値全幅を Δd で割った値 $\Delta d/d$ を用いる．$\Delta d/d$ は格子面間隔の誤差を与えるが，

$\Delta d/d$ の値が小さいほど，格子面間隔が精密に決定されることを示しているため，$\Delta d/d$ は分解能と呼ばれる．$\Delta d/d = \Delta(2\theta)\pi \cot\theta/360$ の関係がある．一般には分解能を高くすると強度が犠牲になるので，目的に応じて分解能を選択し，必要以上に分解能を高くしない方がよい．

式 (5.9) は格子面間隔を飛行時間や中性子の飛行距離，散乱角で表しているが，この式を微分することで $\Delta d/d$ を中性子の飛行時間や距離，散乱角で表現することができる．中性子のパルス波形，飛行距離の誤差，散乱角の誤差がガウス分布的に足されると仮定すると，

$$\frac{\Delta d}{d} = \sqrt{\frac{\Delta t^2}{t^2} + \frac{\Delta L_S^2 + \Delta L_D^2}{L^2} + \{\Delta\theta_1^2 + \Delta\theta_2^2\}\cot^2\theta} \quad (5.10)$$

となる．第 1 項は飛行時間 t の誤差（時間分解能）であるが，Δt は主に減速材から出てくる中性子のパルス幅で，減速材の大きさの効果も含んでいる．第 2 項以降は試料（S）や検出器（D）が有限な大きさをもつために生じる幾何学的な効果である．第 2 項は飛行距離 L の誤差（距離分解能）で，ΔL_S は試料の直径，ΔL_D は検出器の直径である．第 3 項は散乱角の誤差（角度分解能）で，$\Delta\theta_1$ は試料への入射ビーム角の誤差，$\Delta\theta_2$ は散乱ビーム角の誤差で，試料と検出器の大きさおよび両者間の距離の関数である．TOF 型高分解能粉末回折装置では上式の 3 つの項が小さい．すなわち，試料位置を中性子源から離して L を長くする（t も大きくなる）と，第 1 項（時間分解能）と第 2 項（距離分解能）が小さくなる（良くなる）．一方，第 3 項は $\Delta\theta\cot\theta$ の形になっているから，検出器をできるだけ背面反射（$\cot\theta \fallingdotseq 0$）の位置にすると小さくなる．

世界最高の分解能をもつ高分解能粉末回折装置 SuperHRPD では，スーパーミラーガイド管により中性子の輸送ロスを最小限とし 100 m の飛行長を実現した．長尺のビームラインをもつことは式 (5.9) における t と L を大きくするために有効である．さらに高分解能と対称性の高いプロファイル Δt を実現するために高分解能モデレータ（中性子減速材）が開発された．具体的には Au-In-Cd 合金 (AIC)，非結合材（非結合エネルギー，1 eV 程度）の開発によりピークの裾が少なく対称性の高い非結合型モデレータが実現された．さらに，モデレータ表面から 25 mm 位置に長波長成分を吸収させる Cd 板を入れ，ピークの裾

をさらに除去する方法を採用した(これをポイゾニングという).一方,材料構造解析装置 iMATERIA[10] や特殊環境回折装置 SPICA[10] は機能性材料の構造解析を目的としているため,高い分解能を維持しつつビーム強度も充分に大きくなるように,それぞれ $L_1=$ 26.5 m,$L_1=$ 52.0 m としてある.

5.7.6 粉末回折法に必要な分解能についての考察

リートベルト法の登場により,ブラッグ反射の重なり合った回折パターンから構造パラメータをフィッティングにより抽出できるようになった.しかしながら,分解能の低いデータから複雑な結晶構造をリートベルト解析しようとしても,構造パラメータ間の相関が大きく,解析結果の信頼性が低いことがわかる.それに対し高分解能回折装置を用いれば,回折パターンに含まれている構造に関する情報をより多く引き出せるため,結果の信頼性が高いうえ,いっそう複雑な構造を解析することができる.ただし分解能は高ければ高いほど良いというわけではない.分解能が高い装置は強度を犠牲にしていることが多いし,多くの試料は固有のブロードニングを示すため,ある程度以上分解能を良くしても無駄になってしまうからである.では,どのくらいの分解能が必要か.

重なったブラッグ反射を分離して構造精密化の信頼性を上げるためには,隣接する 2 つのブラッグ反射の位置が半値全幅以上離れていることが必要である.例えば,立方晶(格子定数 a)の場合,隣接する 2 つのブラッグ反射は,指数 hkl が $\delta(h^2+k^2+l^2)=1$ だけ違うので,2 つのブラッグ反射の間隔は横軸を面間隔 d,Q,散乱角 2θ に対して,それぞれ,

$$\delta d = d^3/(2a^2) \tag{5.11}$$

$$\delta Q = 2\pi^2/(a^2 Q) \tag{5.12}$$

$$\delta(2\theta) = \lambda^2/(2a^2 \sin 2\theta) \tag{5.13}$$

となる(ただし,$Q=2\pi/d$).これとブラッグ反射の半値全幅(FWHM, Full Width at Half Maximum),あるいは,分解能を比較すればよい.角度分散型回折では $\delta(2\theta)$ の式からわかるように,立方晶では $2\theta=90°$ でブラッグ反射の密度が最も高くなることがわかる.対称性が低い場合はもっと高角でブラッ

グ反射の密度が最高となる．角度分散型中性子回折装置では，ブラッグ反射の密度の散乱角依存性と装置の分解能の散乱角依存性を近い形にすることができる．それに対して，TOF型粉末回折装置では分解能 $\Delta d/d$ が d に対してほぼ一定であり，ブラッグ反射の密度と対応しない．

式 (5.13) によると，半値全幅20'をもつ角度分散型装置により，$\lambda = 1.8$ Å を用いて立方晶試料を測定した場合，ブラッグ反射の間隔が半値全幅より広くなる条件は最大 $a = 17$ Å と大きい．このとき反射の数も300本を越え，かなりの数の構造パラメータが精密化できそうである．しかし裾はかなり重なっているのでプロファイルモデルの選択に解析結果が大きく依存してしまう．測定間隔も十分細かくとる必要がある．また一般には，以下で述べるように条件はもっと厳しい．

これは単純な例でありこの条件を満たしていればブラッグ反射が常に分離するのではない．一般にはブラッグ反射は一様に分布しているわけではなく，特定の反射が接近することも多いからである．2つ以上の格子定数の差が小さいことは珍しくないし，相転移により対称性が低下しブラッグ反射が分離することもある．立方晶と思われていたものが，より高分解能の測定によりわずかに歪んでいることが明らかになる場合もある．格子定数がわずかに異なる他の相が混入している材料では，分解能の低いデータを用いたリートベルト解析は誤った結果を招く．こういったことが予想される場合には，ブラッグ反射の密度の低いところでも分解能を高める必要がある．

5.7.7 結晶欠陥

粉末回折データの解析の目的が結晶構造解析だとすれば，ブラッグ反射の重なりを少なくし構造因子の抽出精度を上げる必要がある．そのためにはシャープなブラッグ反射を得る必要があり，必然的に，不完全性が小さい，結晶性の高い試料を準備することが必要である．一方，合成経路などの材料の履歴の違いにより構造が違ってしまうことも考えられるので，結晶性の良さばかりを追求することはできない．あるがままの状態で構造を知ることが求められる場合がある．

完全結晶 (perfect crystal) からのずれ，あるいは，結晶性が悪い状態は，結晶欠陥 (defect, imperfection) によってもたらされる．結晶の不完全性という言い方もする．結晶欠陥には，点欠陥，転位，積層欠陥や APB（逆位相境界）など様々な欠陥がある．結晶欠陥はブラッグ反射の強度や形（プロファイル）に反映する．逆に強度とプロファイルから結晶欠陥を解析することも可能である．粉末結晶試料は大なり小なり結晶欠陥をもっており，これらによってブラッグ反射のプロファイルが広がり，変形する．したがって，高分解能回折装置を用いても結晶性が悪いと，観測されるブラッグ反射の幅は，ある程度以上はシャープにならない．不完全性が顕著な場合，構造因子に影響するため，構造パラメータから結晶の乱れについての情報を得ることができる．不完全性が顕著でない場合，結晶の不完全性はもっぱらプロファイルに影響しブロードニングを起こす．プロファイルから結晶欠陥についての情報を得ることができる．リートベルト法では，プロファイルはもっぱら有効歪みや有効結晶子サイズ（平均した干渉性領域の大きさ）などのパラメータで表現されることが多い．ここでは有効歪みや有効結晶子サイズがプロファイルの幅に与える影響を検討してみることにする．

面間隔 d と散乱角 2θ に対するブラッグ反射の積分幅（ブラッグ・ピークと高さ・面積が等しい長方形の幅）をそれぞれ $\Delta d_I, \Delta(2\theta)_I$ とすると，有効結晶子サイズ効果（D）によるブラッグ反射の広がりは，

$$\Delta d_I = d^2/D \tag{5.14}$$

$$\Delta(2\theta)_I = \lambda/D\cos\theta \tag{5.15}$$

となる．結晶性が良く $D = 10^4$ Å とすると，$d = 1$ Å において，$\Delta d_I/d = d/D = 10^{-4}$ となる．一方，歪み分布が存在すると面間隔の分布 Δd_I が生じるのでブラッグ反射が広がる．有効歪みを

$$\varepsilon = \Delta d_I/d \tag{5.16}$$

と定義すると，有効歪み効果によるブラッグ反射の広がりは

$$\Delta d_I = \varepsilon d \tag{5.17}$$

$$\Delta(2\varepsilon)_I = 2\varepsilon \tan\theta \tag{5.18}$$

となる．$\varepsilon = 0.1\%$ であればブラッグ反射は 0.1% よりシャープにならない．

以上述べてきたように，粉末結晶試料のブラッグ反射の形の解析（プロファイル解析）により歪み分布，結晶子のサイズや形状，面欠陥などの結晶性の情報が得られる．プロファイル解析には結晶構造の詳細な情報は不要であり，各ブラッグ反射をフーリエ変換したり最小 2 乗法でプロファイルパラメータを求めることで，結晶性の情報を得ることができる．限定的ながらリートベルト解析から得られるプロファイル情報を用いることも行われる．リートベルト法の発展以前はプロファイル解析がよく行われていたが，リートベルト法の流行の陰で最近まであまり見向きもされなかった．しかし，これらの情報はナノサイズの構造情報であり重要である．

Z-Rietveld で用いられている TOF 型粉末回折法のプロファイル関数のうち，タイプ 0 型，0 m 型は擬フォークト関数といくつかの指数関数のたたみ込みである．擬フォークト関数のガウス成分の分散 σ_G^2（半値全幅 $H_G = 2\sqrt{2ln2}\sigma_G$），ローレンツ成分の半値全幅 H_L はそれぞれ

$$\sigma_G^2 = \sigma_0^2 + \sigma_1^2 d^2 + \sigma_2^2 d^4 \tag{5.19}$$

$$H_L = \gamma_0 + \gamma_1 d + \gamma_2 d^2 \tag{5.20}$$

で表される．式 (5.16) との比較により，式 (5.19)，(5.20) の第 2 項から歪み分布が得られることがわかる．一方，式 (5.14) との比較から，第 3 項から有効結晶子サイズが得られることがわかる．一般には，有効結晶子サイズはローレンツ成分であることが多い．

5.7.8　リチウムイオン電池材料の構造解析

蓄電池は，酸化還元反応を利用して電気エネルギーを化学エネルギーに変換し蓄え（充電），蓄えた化学エネルギーを電気エネルギーに変換して取り出す．リチウムイオン電池では，リチウムは正極，電解質，負極の間を移動・挿入・脱離し，それに伴い正極と負極の構造が変化し，同時に電子も移動する．それら

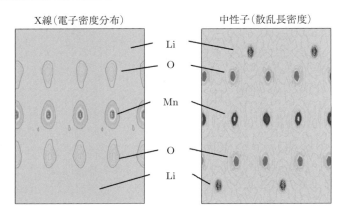

図 5.11 X線回折（左）と中性子回折（右）から得られた $LiMn_2O_4$ のフーリエマップ.

が電池特性を支配する．電極に限ってみても，活物質，バインダー，導電材からなり，電子とリチウムイオンの導電経路を通じてリチウムの挿入・脱離が行われている．数 nm 程度のスケールの活物質と電解質界面におけるリチウムイオン移動，数十 μm スケールの活物質内イオン拡散，mm～cm スケールの電極内の反応分布などがリチウムイオン電池の性能を支配している．パルス中性子はこれらの広い空間スケールでの静的・動的構造情報を引き出すうえで，極めて強力なプローブである．

　一般に原子配列を精密に決めるには，波長が原子間距離程度の長さをもつX線，電子線，中性子などの量子ビームの波の散乱・干渉を用いる方法が最も良い．量子ビームのうち中性子は散乱の強さがX線や電子線のように原子番号に依存しないので，重元素がある中での軽元素の識別能力が高い（図 5.11）．中性子散乱はリチウムなどの軽元素の原子配列情報を 1％の精度で検出できる唯一の手段と言える．

　入射中性子に対して干渉性散乱を起こす中性子の波の振幅を散乱振幅と呼び（散乱長とも呼ぶ）b で表す[11]．b が大きければ散乱も強く b が小さければ散乱は弱い．単位は 10^{-13} cm である．b は散乱体の大きさ（長さ）の次元を持つ．主な元素やそのアイソトープの散乱振幅を表 5.2 に示す．表中，いくつかの b

5.7 材料の構造解析

表 5.2 中性子散乱振幅の一例

元素	b (10^{-13}cm)
^{1}H	−3.7423
^{2}D	6.674
Li	−1.9
^{6}Li	2
^{7}Li	−2.22
B	5.3
^{10}B	−0.1
^{11}B	6.65
C	6.6484
O	5.805
F	5.654
Na	3.63
Mg	5.375
Al	3.449
Si	4.149
P	5.13
S	2.847
Cl	9.5792
Mn	−3.73
Fe	9.54
Co	2.5
Ni	10.3

が負であるが,これは散乱された中性子の波の位相が反転していることを示す.したがって,b の絶対値が同じで符合が逆の元素が結晶内で同じサイトに存在すると,そのサイトからの散乱が見えなくなってしまう.

中性子散乱は同位体により散乱能が異なるため,同位体を用いてコントラストを変化させることができる.特にリチウムの場合は,同位体比を変えることで,散乱振幅を負から正まで広く変化させることができるため,同位体を利用した様々な研究が可能であることが大きな特徴である.例えば,天然リチウム (^{6}Li:^{7}Li= 5 : 95),^{6}Li(質量数 6),^{7}Li(質量数 7)の散乱振幅をそれぞれ b(Li),b(^{6}Li),b(^{7}Li) とすると表にあるように,b(Li) $= -1.90 \times 10^{-13}$ cm,b(^{6}Li) $= 2 \times 10^{-13}$cm,b(^{7}Li) $= -2.22 \times 10^{-13}$ cm であり,平均の散乱振幅を $-2.22 \times 10^{-13} \sim 2 \times 10^{-13}$ cm まで変化させることができる.このこと

表 5.3 　$LiMn_2O_4$ と $LiMn_{1/3}Co_{1/3}Ni_{1/3}O_2$ の各サイトの平均の散乱振幅 b^*

(a)$LiMn_2O_4$

site	x	y	z	Atom	b^*
8a	1/8	1/8	1/8	Li	-1.90
				^{6}Li	2
				0.5 ^{7}Li + 0.5 ^{6}Li	-0.11
16d	1/2	1/2	1/2	Mn	-3.73
32e	0.2627	$= x$ (32e)	$= x$ (32e)	O	5.805

(b)$LiMn_{1/3}Co_{1/3}Ni_{1/3}O_2$

Site	x	y	z	Atom	b^*
3a	0	0	0	0.975 Li + 0.025 Ni	-1.60
				0.975 ^{6}Li + 0.025 Ni	2.2
				0.975 (0.5 ^{7}Li + 0.5 ^{6}Li) + 0.025 Ni	0.15
3b	0	0	1/2	1/3Mn+1/3Co+0.309Ni+0.025Li	2.73
				1/3Mn+1/3Co+0.309Ni+0.025 ^{6}Li	2.82
				1/3Mn+1/3Co+0.309Ni+0.025(0.5 ^{7}Li+0.5 ^{6}Li)	2.77
6c	0	0	0.241	O	5.805

を利用すると，通常の構造解析では不可能な複雑なイオン分布について情報を得ることができる．表5.3にその概略を示す．リチウムを完全に ^{6}Li に置き換えるとリチウムサイトの散乱振幅は負から正に大きく変わり，また，^{6}Li と ^{7}Li の比率を調整することで，そのサイトからの散乱を弱くしたりゼロにすることができる．リートベルト解析プログラム Z-Rietveld では，同位体比を変えた複数のデータを同時に解析することで，通常のリートベルト解析では不可能な複雑なイオン分布についての情報を得ることができる．例えば，(Li, Ni)(Mn, Co, Ni, Li)O_2 の場合，1つのサイトで決められる占有は通常は1つだけであるが，$(1-x)^6Li + x^7Li$ の x を変えた試料の測定を複数実施，同一の構造モデルで解析することで他では得られない占有情報を取り出すことが可能となる．

また，同位体を標識（ラベリング）やトレーサーとしての用いることも可能である．例えば，正極，負極，電解質のそれぞれに異なる同位体を用いることで，充放電反応前後でリチウムがどう動いたかを知ることも可能である．さらに，異なる同位体からなる複数層で正極などを作成すれば，電解液に近い側が反応が早いかどうかなどを知ることが可能である．このように同位体と様々な

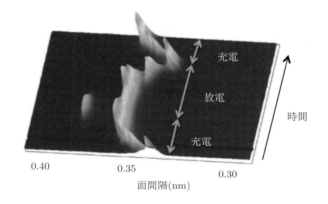

図 5.12 電池を実際に充電・放電をさせながらの中性子回折測定を行った結果．ピークはブラッグ反射に対応するので，これを解析することで充電・放電とともに原子配列がどう変化したかが解明されている．

テクニックを組み合わせることは今後の電池材料の構造解析で有効であろう．

一方，中性子は電荷をもたないためクーロン力に邪魔されずに材料中に深く入り込むことができる．これは，実電池を解体せずに作動条件下での原子配列の変化を観測することが可能であることを意味する．図 5.12 は市販の電池を実際に充電や放電をさせながら中性子回折測定を行った結果である．この方法は電池を構成する他のパーツの情報も含まれ情報の劣化が起きるため必要な情報を取り出す工夫が必要になるが，今では充・放電と，それに対応する原子レベルの構造変化が精密に比較検証できるようになってきている．これまではビーム強度に限界があるためにあまり実施されてこなかったが，今後の発展が期待される．

参 考 文 献

[1] http://www.nobelprize.org/nobel_prizes/physics/laureates/2014/press.html
[2] Michael Glazer and Gerald Burns: *Space Groups for Solid State Scientists*, Academic Press (2013).
[3] Y. Inaguma, T. Katsumata, M. Itoh, Y. Morii, T. Tsurui: Solid State Ionics 177 (2006) 3037–3044. 八島正知，日本結晶学会誌 51，153–161 (2009).
[4] M. Murayama, R. Kanno, Y. Kawamuto and T. Kamiyama: Solid, State Ionics 154–155, 789 (2002).
[5] N. Kamaya, K. Homma, Y. Yamakawa, M. Hirayama, R. Kanno, M. Yonemura, T. Kamiyama, Y. Kato, S. Hama, K. Kawamoto, A. Mitsui: Nature Mater. 10, 682–686 (2011).
[6] 粉末回折データ解析環境 Z-Code のそれぞれのソフトウェア Z-Rietveld と Conograph は，https://z-code.kek.jp/zrg/ から入手することができる．
[7] 神山崇：日本 結晶学会誌 44, 168–175 (2002)，佐々木明登：日本 結晶学会誌 56, 307–312 (2014).
[8] H. M. Rietveld: The Rietveld method, p. 39, Oxford University Press (1993)．神山崇：日本結晶学会誌 40, 301–307 (1998).
[9] R. J. Hill: The Rietveld Method, ed. by R. A. Young, Oxford Univ. Press (1993) Chap. 5
[10] 石垣 徹，星川晃範，米村雅雄，神山 崇，鳥居周輝，森嶋隆裕，大石亮子：日本結晶学会誌，50 (2008)18．石垣 徹，米村雅雄，星川晃範，鳥居周輝，神山 崇：日本中性子科学会誌「波紋」，25 (2015) 60．
[11] 散乱長や散乱断面積については http://www.ncnr.nist.gov/resources/n-lengths/ を参照．

索 引

数字

0.4Li_4SiO_4-0.6Li_3VO_4　206
0.5Li_3PO_4-0.5Li_4SiO_4　206
0.6Li_4GeO_4-0.4Li_3VO_4　206
1 電子励起　48
3 軸法　176

ギリシャ文字

α-Fe　63
α-AgI　203
α-CuI　204
β-AgI　203
β-Mn　204
β-アルミナ　207
γ-AgI　203, 204
γ-CuI　204
γ-Li_3PO_4　212
μSR　4, 51

A

A_2BX_4　207
ABX_3　210
Ag_3SI　204
APB　234
ARPES　48
ATS 散乱　30
Auto correlation　53

B

$BaTiO_3$ 型　210
bcc 型構造　203

C

$CaFe_2As_2$　93
Conograph　225
Cr　65

E

$E1$ 遷移　20
$E2$ 遷移　20

F

fcc　204
$FePt_3$　64
$FeTe_{1-x}Se_x$　93
FullProf　226

G

$GdFeO_3$ 型　210
GMR　122, 123
GSAS　226

H

H. M. Rietveld　226

I

ICDD　225
iMATERIA　229
indexing　224
Inverse spin Hall effect　152
ISIS　227

J

Jahn-Teller 効果　12

JCPDS カード 225
J-PARC 226, 227
J 多重項 12

K

KENS 227
Kramers-Kronig 変換 24
K 吸収端 29

L

$La_{2-x}Sr_xCuO_4$ 80
$La_{0.5}Li_{0.5}TiO_3$ 206
$LaAlO_3$ 型 210
$LaFeAsO_{1-x}H_x$ 85
$LaGaO_3$ 203
LANSCE 227
LGPS 系 212
LHPM 226
Li-β-アルミナ 206, 207
Li_2CdCl_4 206
Li_2SiS_3 206
Li_3N 206, 207
Li_3PS_4 206
Li_4SiS_4 206
LiI 206
LISICON 211
LISICON $Li_{14}Zn(GeO_4)_4$ 206
LiX 206
L 吸収端 29

M

MAUD 226
MLF 227
$Mn_{3-x}Fe_xSi$ 70
MOSFET 122
MRAM 125, 149

N

NaCl 202

$Nd_{2-x}Ce_xCuO_4$ 80
NMR 4, 33, 51
NTD 221
n 型 114
n 型半導体 109

P

Pair Distribution Function 224
Pd_2MnSn 61
PDF 224
pn 接合半導体 116, 118
p 型 114
p 型半導体 109

R

$Rb_4Cu_{16}I_7Cl_{13}$ 206
$RbAg_4I_5$ 204
RIETAN 226
Rietica 226
RIXS 6, 47

S

SNS 227
SPICA 232
STS 101
SuperHRPD 229

T

Thio-LISICON 212
Time Of Flight 法（TOF 法） 68, 176, 227
time-of-flight neutron diffraction method 227
TMR 122, 125
TOF 回折法 230
TOF 型粉末回折装置 233
TOPAS 226

X

X 線　4, 140
X 線回折　4, 131
X 線吸収端近傍構造　136
X 線吸収分光法　4, 133
X 線構造解析　5
X 線磁気円二色性 (XMCD)　136
X 線磁気散乱　19, 26
X 線自由レーザー　38
X 線小角散乱　174
X 線発光スペクトル　16
X 線反射率　131, 140

Y

$YBa_{2-x}Ca_xCu_3O_6$　81

Z

Z-Code　225, 226
Z-Rietveld　226

あ行

アクセプター　114
アクセプター準位　115
アジマス回転　31
アジマス角　31, 32

イオン結合　2
イオン性界面活性剤　179
イオン導電体　202
異常分散因子　23
異常分散項　21
異常分散法　22
一次電池　215
伊藤の方法　224
インターカレーション反応　217

ウルツ鉱型構造　203
運動エネルギー　3
運動学的回折理論　30

運動量密度　20

エネルギー分散型回折法　227
エネルギー変換効率　213
エネルギー変換材料　213
エレクトロニクス　7
エワルド球　29

重い電子系　7

か行

外殻電子　3
階層構造　162
回転対称性　223
界面　128, 135
界面活性　167
界面活性剤　167
界面状態　145
角度分解光電子分光法　136
角度分解能　231
加速器科学　38
価電子　3, 4
価電子密度　4
干渉関数　224
干渉性散乱　236
完全結晶　234

擬スピン　9
軌道　7
軌道角運動量　4, 11
軌道磁気モーメント　26, 28, 137
軌道自由度　9, 11, 12, 31
軌道縮退　12
軌道秩序　9, 30
軌道分極　30
軌道無秩序　9, 32
機能材料　201
機能性物質　201
擬フォークト関数　235
逆位相境界　234

逆位相境界密度　224
キャリア濃度　36
キャリア密度　115
吸収端　22, 134
強磁性　8, 15, 33
強磁性体　14
強相関電子系　7, 22
共鳴X線散乱　19, 24, 30, 33
共鳴X線散乱法　13
共鳴X線磁気散乱　27
共鳴交換散乱　21
共鳴散乱　24, 29
共鳴散乱振幅　20
共鳴磁気散乱　26
共鳴ピーク　94
共鳴非弾性散乱　19
共有結合　2
強誘電性　15
局所構造物性　36
局所電子構造　37
巨大磁気抵抗効果　14, 123, 150
巨大単層膜ベシクル　193
距離分解能　231
禁制反射　30
金属強磁性（強磁性金属）　14, 42
金属結合　3
金属人工格子　123
金属反強磁性　64

空間群　224
空間分解能　38
空孔　203
空乏層　119
クーロン斥力　22
クーロン相互作用　7, 33

結晶欠陥　234
結晶構造　4, 128
結晶構造因子　30, 224
結晶場　11

原子核密度分布　226
原子散乱因子　19, 22, 30
原子散乱振幅　21
原子散乱テンソル　21
検出深度　139

広域X線吸収微細構造 (EXAFS)　134
交換エネルギー　3
交換相互作用　54
格子欠陥　203
格子振動　6
格子定数　130
格子非整合-整合クロスオーバー　68
高スピン状態　13, 33
構造因子　24
構造物性　1, 36
構造歪み　130
光電子　135
光電子分光法　4, 135
固体イオニクス　203
固体電解質　202, 203
固体電子論　7
コバルト酸化物　13, 33
コバルト酸リチウム　217

さ行

最適頭部断面積　169
サドル・スプレイ弾性係数　173
酸化還元反応　218
散漫散乱　224
散乱X線　5
散乱振幅　16, 19, 27, 236
散乱断面積　18
散乱長　236
散乱長密度分布　226

時間分解能　38, 231
磁気異方性　130
磁気円二色性　29
磁気散乱　19, 28

磁気散乱振幅　22
磁気状態　135
磁気双極子　10, 21
磁気多極子　9, 15, 20
磁気秩序　15, 27, 29
磁気抵抗　145
磁気抵抗比　145, 150
磁気ヘッド　143
磁気モーメント　4, 21, 28
試行錯誤法　224
指数付け　224
自発曲率　173
自発電気分極　15
小角散乱　174
晶系　223
常磁性　33
消衰効果　27
状態密度　18
蒸着法　128
消滅則　224
ショットキーバリアー　116
ジルコニア　203
親水基　165
親水性　165
真性半導体　110

水素結合　2
ストーナーモデル　54
ストーナー励起　42
ストーナー連続帯　57
ストライプ秩序　8
砂時計型磁気励起　90
スピネル構造　207
スピン　7
スピン角運動量　4
スピン間相互作用　34
スピン・軌道相互作用　11, 17
スピン軌道相互作用　30
スピン・軌道秩序　29
スピンギャップ　96

スピン磁気モーメント　26, 137
スピン自由度　13
スピン状態　7, 13, 33
スピン状態秩序　16, 33
スピン秩序　8, 26
スピン注入磁化反転　151
スピントランスファートルク　152, 154, 155
スピントルク　151, 156
スピントロニクス　122, 149, 155
スピンの揺らぎ　148
スピン波　6, 43
スピンバルブ　125, 149
スピン偏極度　145, 150
スピン・ホール効果　153
スピン密度　8, 19
スピン密度波　58
スピン流　151

正極物質　217
静電相互作用　2
整流作用　116
積層欠陥密度　224
ゼーベック効果　214
閃亜鉛鉱型構造　203, 204
遷移確率　18
線形磁気効果　15
線形電気磁気効果　15
全反射高速陽電子回折法　37

双極子モーメント　3
束縛エネルギー　135
即発ガンマ線分析　221
疎水基　165
疎水性　165

た行

多極子　9, 11
多極子自由度　11
多極子秩序　21, 31

多層系　81
多層膜　128
多層膜ベシクル　193
縦揺らぎ　56
単位胞結晶構造因子　224
単位胞　223
単色X線　5
弾性散乱　19
単層膜ベシクル　193

蓄電池　214
窒化リチウム　207
秩序無秩序相転移　9
チムニー（煙突）型励起　71
中間スピン状態　13, 33, 34
中間相関関数　177
中性子　4, 36
中性子回折　4, 24
中性子回折法　223
中性子減速材　231
中性子散乱　221
中性子磁気回折　4
中性子小角散乱　174
中性子スピンエコー法　176
中性子線　6
中性子非弾性散乱　45
中性子放射化分析　221
中性子ラジオグラフィ　221
超イオン導電体　202
超交換相互作用　9
超格子構造　37
超格子反射　24
超低速ミュオン　37
超伝導・磁性相図　78
直線偏光　134

低スピン状態　13, 16, 33
鉄系超伝導　76
転位密度　224
電界効果トランジスター　121

電荷散乱　28
電荷・スピン・軌道秩序　24
電荷秩序　7, 22, 26
電荷分布　21
電荷密度　4, 8
電荷密度波　22
電荷無秩序　8
電荷無秩序状態　23
電気陰性度　2
電気磁気効果　15
電気双極子　20
電気双極子層　117
電気多極子　9, 20
電気単極子　9, 21
電気四極子　10, 20, 31
電子間相互作用　13
電子・格子相互作用　22
電子構造　4
電子自由度　4, 7, 16
電子自由度秩序　13, 22
電子収量法　138
電子状態　135
電子線　4, 6
電子線回折　4
電磁相互作用　2
電子ドープ型　90
電子密度　4
伝導電子　3
電流密度演算子　20

同位体　237
透過型電子顕微鏡 (TEM)　130
銅酸化物高温超伝導　8
銅酸化物超伝導体　75
動的構造因子 $S(\boldsymbol{Q}, \omega)$　45
導電材　220
ドナー　114
ドナー準位　114
ド・ブロイの関係　228
トムソン散乱　19

索引 247

トムソン散乱因子 23
トランジスター 116, 120
トレランス因子 210
トンネル磁気抵抗効果 125, 145, 150
トンネル磁気抵抗素子 128
トンネル接合 126

な行

内殻電子 3
ナノポア 195
軟 X 線 29
軟 X 線共鳴散乱 29

二次電池 215
二重層膜 171
二体相関 45

ネスティング 59
熱電変換材料 214

は行

配位子場 9, 12
パウリ排他律 58
薄膜 128
波数ベクトル 27
ハナワルト法 225
ハーフメタル 151
反強軌道秩序 34
反強磁性 8
反強磁性ストーナー励起 58
反強磁性体 14
反強的軌道秩序 31
反強四極子秩序 31
反射率曲線 132, 140
半値全幅 232
バンド構造 136

非イオン性界面活性剤 179
光誘起相転移 38
非共鳴 X 線磁気回折 4

非共鳴散乱 29
非共鳴磁気散乱 26
共鳴非弾性 X 線散乱 6
非共鳴非弾性 X 線散乱 6
ピークサーチ 225
飛行時間型中性子回折法 227
非線形磁気効果 15
非線形電気磁気効果 15
微分散乱断面積 19
非平衡構造物性 37
表面構造解析 37
表面自由エネルギー 130

ファン・デル・ワールス相互作用 3
フェリ磁性 34
フェルミ液体理論 7
フェルミエネルギー 111
フェルミの黄金則 18
フォノン 6, 12
深さ分解 X 線吸収分光法 137
不完全性 234
不揮発性 149
不純物注入 114
不対電子 42
物質構造 4
ブラッグ散乱 221
ブラッグの回折条件 29
ブラベー格子 223
フーリエ時間 179
ブロードニング 232
分解能 230
分散関係 6
フント則 9, 13

並進対称性 223
ベシクル 172
ペルブスカイト型構造 210
ペロブスカイト 9, 13, 24
ペロブスカイト型化合物 203
偏極中性子 142

偏極中性子回折　33
偏極中性子線　140
偏極中性子反射計　142
偏極中性子反射率　140
偏光解析　27, 33
偏光状態　18, 33
偏光ベクトル　18, 27

ホイスラー合金　151
ポイゾニング　232
放射光　4, 22, 36
ホールドープ型　90
ポストリチウムイオン電池　216

ま行

マキシマム・エントロピー法　226
マグノン　6
曲げ弾性エネルギー　172
曲げ弾性係数　173
マルチフェロイクス　15
マンガン酸化物　14, 24, 26, 29, 31

ミセル　167
未知構造解析　225
ミュオン　36

メモリー　149

モザイシティ　224
モデレータ　231

や行

有効結晶子サイズ　224, 234
有効歪み　224, 234

ヨウ化銀　203
ヨウ化リチウム　206
陽電子　36, 37
横揺らぎ　55
四極子秩序　31

四極子モーメント　31

ら行

ラベリング　238
ランダウーリフシッツ-ギルバート方程式　156

リチウムイオン導電体　206
立方最密充填構造 (fcc)　209
リートベルト法　226
量子ビーム　36
両親媒性分子　165
臨界充填パラメータ　169
臨界ミセル濃度　169
リン脂質　192

ロッキングチェア型　219
六方晶系層状構造　207

[著者紹介] (執筆順)

村上洋一　　（むらかみ　よういち）　（第 1 章）
1957 年　生まれ
1985 年　大阪大学大学院基礎工学研究科博士後期課程修了
　現　　在　高エネルギー加速器研究機構 物質構造科学研究所・教授，工学博士

山田和芳　　（やまだ　かずよし）　（第 2 章）
1949 年　生まれ
1978 年　東北大学大学院理学研究科博士課程修了
　現　　在　高エネルギー加速器研究機構 物質構造科学研究所・所長，理学博士

平賀晴弘　　（ひらか　はるひろ）　（第 2 章）
1967 年　生まれ
1996 年　東北大学大学院理学研究科博士後期課程修了
　現　　在　高エネルギー加速器研究機構 物質構造科学研究所・特任准教授，理学博士

遠藤康夫　　（えんどう　やすお）　（第 3 章）
1939 年　生まれ
1965 年　京都大学大学院工学研究科博士後期課程中退
2003 年　東北大学金属材料研究所・定年退官，東北大学名誉教授
　現　　在　高エネルギー加速器研究機構 物質構造科学研究所・ダイヤモンドフェロー，
　　　　　　理学博士

雨宮健太　　（あめみや　けんた）　（第 3 章）
1972 年　生まれ
1999 年　東京大学大学院理学系研究科博士課程中退
2000 年　博士号取得
　現　　在　高エネルギー加速器研究機構 物質構造科学研究所・教授，博士（理学）

瀬戸秀紀　　（せと　ひでき）　（第 4 章）
1961 年　生まれ
1989 年　大阪大学大学院基礎工学研究科博士後期課程修了
　現　　在　高エネルギー加速器研究機構 物質構造科学研究所・教授，工学博士

神山　崇　　（かみやま　たかし）　（第 5 章）
1957 年　生まれ
1987 年　東北大学大学院理学研究科博士課程後期修了
　現　　在　高エネルギー加速器研究機構 物質構造科学研究所・教授，理学博士
　　　　　　総合研究大学院大学 高エネルギー加速器科学研究科長

米村雅雄　　（よねむら　まさお）　（第 5 章）
1974 年　生まれ
2004 年　神戸大学大学院自然科学研究科博士課程修了
　現　　在　高エネルギー加速器研究機構 物質構造科学研究所 特別准教授，博士（理学）

KEK 物理学シリーズ第 7 巻 物質科学の最前線 *The New Frontier of* *Materials Science*	監　修	高エネルギー加速器研究機構
	著　者	村上洋一・山田和芳 平賀晴弘・遠藤康夫　ⓒ 2015 雨宮健太・瀬戸秀紀 神山　崇・米村雅雄
	発行者	南條光章
	発行所	共立出版株式会社 〒112–0006 東京都文京区小日向 4 丁目 6 番 19 号 電話（03）3947–2511（代表） 振替口座 00110–2–57035 URL http://www.kyoritsu-pub.co.jp/
2015 年 8 月 25 日　初版 1 刷発行	印　刷 製　本	藤原印刷株式会社
検印廃止 NDC 428 ISBN 978–4–320–03490–7		一般社団法人 自然科学書協会 会員 Printed in Japan

---

JCOPY ＜出版者著作権管理機構委託出版物＞

本書の無断複製は著作権法上での例外を除き禁じられています．複製される場合は，そのつど事前に，出版者著作権管理機構（TEL：03-3513-6969，FAX：03-3513-6979，e-mail：info@jcopy.or.jp）の許諾を得てください．